国家"双高计划"水利水电建筑工程专业群系列教材

分析化学

主　编　刘　萍
副主编　崔执应

中国水利水电出版社
www.waterpub.com.cn
·北京·

内 容 提 要

本书全面系统地介绍了常见的分析检测基本知识和基本方法，对各种水质指标的含义及其测定方法做了具体介绍，特别对各类化学滴定法、吸光光度法、电化学分析法、气相色谱法和原子吸收分光光度法等最常用的水质分析方法的原理及其应用做了详细介绍，内容丰富，理论密切联系实际，并适当地增加和反映了近年来水质分析中的新技术、新方法和新内容。

本书可作为环境类、水文水资源、给水排水等专业的教材，也可作为分析化学和水质分析等岗位培训的教材，也可供同类专业及其工程技术人员学习和参考。

图书在版编目（ＣＩＰ）数据

分析化学 / 刘萍主编. -- 北京 : 中国水利水电出版社，2024.6
ISBN 978-7-5226-1678-0

Ⅰ. ①分… Ⅱ. ①刘… Ⅲ. ①分析化学－高等职业教育－教材 Ⅳ. ①O65

中国国家版本馆CIP数据核字（2023）第141844号

书　　名	**分析化学** FENXI HUAXUE
作　　者	主 编 刘 萍 副主编 崔执应
出版发行	中国水利水电出版社 （北京市海淀区玉渊潭南路1号D座　100038） 网址：www. waterpub. com. cn E-mail：sales@mwr. gov. cn 电话：(010) 68545888 （营销中心）
经　　售	北京科水图书销售有限公司 电话：(010) 68545874、63202643 全国各地新华书店和相关出版物销售网点
排　　版	中国水利水电出版社微机排版中心
印　　刷	北京印匠彩色印刷有限公司
规　　格	184mm×260mm　16开本　13印张（总）　316千字（总）
版　　次	2024年6月第1版　2024年6月第1次印刷
印　　数	0001—1000 册
定　　价	**49.00元**

前　言

　　分析化学为高职高专相关专业开设的课程，其教学目标是为环境类、水文水资源、给水排水等行业培养出更多不但掌握传统的化学分析方法的理论和分析技能，而且还学习了一些现代仪器分析的基本原理，具有一定仪器设备操作技能，注重理论知识的应用，实践动手能力强的专业人才。本书在编写过程中针对高职高专教学特点，选材时注意内容的实用性，突出应用能力的培养，力争做到深入浅出、通俗易懂，教材同时根据分析化学学科的发展，在阐明经典分析理论和方法的同时及时更新教学内容，引入各个领域中分析化学的新进展、新成果。

　　本书既有系统的理论，也有很强的实践性，因此书中贯彻以理论讲授和实验相结合的原则。本书强调基础知识和创新能力并重，使学生既具有较深厚的分析化学基础，又能了解分析化学学科的进展和前沿，培养学生用分析化学中"量"的概念和创造性思维去分析和解决实际问题的能力。本书收载了16个比较成熟的、基本技能训练效果比较好的、切合课程基本要求的实验。每章（包括教学实验）都有配套的习题，内容全面，具有代表性。

　　本书由刘萍（安徽水利水电职业技术学院）担任主编，拟订编写提纲，负责全书的统稿工作，并编写项目4、项目8、实验九～实验十六；崔执应（安徽水利水电职业技术学院）担任副主编，并编写项目1、项目3、实验一～实验三、附录；刘丹丹（安徽水利水电职业技术学院）编写项目6；桂霞（安徽水利水电职业技术学院）编写项目2、实验四～实验八；张晴（安徽水利水电职业技术学院）编写项目7、项目9；解清园（安徽水利水电职业技术学院）编写项目5。

　　本书由安徽水利水电职业技术学院张胜峰主审，并提出了许多宝贵的意见和建议，在此表示衷心的感谢！同时在编写和出版过程中，得到了中国水利水电出版社的大力支持，在此一并表示衷心的感谢！

　　由于时间仓促，加之编者水平有限，书中不妥之处在所难免，恳请广大读者批评指正。

编者

2024 年 1 月

"行水云课"数字教材使用说明

  "行水云课"水利职业教育服务平台是中国水利水电出版社立足水电、整合行业优质资源全力打造的"内容"＋"平台"的一体化数字教学产品。平台包含高等教育、职业教育、职工教育、专题培训、行水讲堂五大版块，旨在提供一套与传统教学紧密衔接、可扩展、智能化的学习教育解决方案。

  本套教材是整合传统纸质教材内容和富媒体数字资源的新型教材，将大量图片、音频、视频、3D 动画等教学素材与纸质教材内容相结合，用以辅助教学。读者登录"行水云课"平台，进入教材页面后输入激活码激活（激活码见教材封底处），即可获得该数字教材的使用权限。读者可通过扫描纸质教材二维码查看与纸质内容相对应的知识点多媒体资源，也可通过移动终端 APP、"行水云课"微信公众号或"行水云课"网页版查看完整数字教材。

数 字 资 源 索 引

序号	资　源　名　称	资源类型	页码
27	无火焰原子化器	视频	101
28	定量分析方法	视频	101
29	干扰及其消除方法	视频	102
30	项目 7 答案	文本	104
31	电位分析法	视频	106
32	玻璃电极	视频	107
33	离子活度测定	视频	110
34	作图法确定终点方法	视频	113
35	二阶微商法的计算方法	视频	114
36	项目 8 答案	文本	116
37	色谱分离图示	视频	118
38	色谱法的分类	视频	118
39	色谱图及常用术语	视频	120
40	气相色谱仪结构	视频	122
41	气相色谱定量分析	视频	124
42	项目 9 答案	文本	127

目 录

分 析 方 法 概 述

【学习目标】

了解分析方法及类型，掌握标准溶液的配制及其浓度表示方法、滴定分析的计算方法、误差及其表示方法、分析结果的数据处理、水质分析结果的表示方法。

【基本内容】

分析方法及类型、标准溶液、滴定分析的计算、误差和偏差、准确度与精密度、有效数字、可疑数据的取舍、置信度与平均值的置信区间、水质分析结果的表示方法。

任务 1.1　分析方法及类型

分析化学是专门研究物质化学组成的分析方法及有关理论的一门学科。在分析化学中，根据分析目的的要求，将分析化学分为定性分析和定量分析两大类。定性分析就是鉴定物质有哪些组成成分，定量分析就是测定物质各组成成分的含量。在具体分析工作中，首先必须了解物质的定性组成，即试样的主要成分和主要杂质，必要时要做试样的全面分析，然后根据测定要求选择适当的定量分析方法。

水质分析是分析天然水、生活用水、生产用水、生活污水、生产废水等各类水体中含有哪些成分、含量有多少等，是分析方法、分析技术在水质研究中的应用。对于水质分析而言，一般都事先知道被分析水样含有什么杂质，工业废水尽管成分复杂，但可以根据生产工艺、所用原材料和产品等情况预测出来。因此，水质分析通常采用水的定量分析。

根据分析方法的原理及特点，一般将定量分析方法分为化学分析法和仪器分析法两大类。

1.1.1　化学分析法

以物质化学反应为基础的分析方法叫作化学分析法，主要有滴定分析法和重量分析法。

1.1.1.1　滴定分析法

滴定分析法又称容量分析法，这种方法是将一种已知准确浓度的试剂溶液滴加到被测物质的溶液中，直到所加的试剂与被测物质按化学计量关系定量反应完毕为止，再根据试剂溶液的浓度和用量，计算出被测物质的含量。

化学分析法
分类

已知准确浓度的试剂溶液称为标准溶液或滴定剂，将滴定剂加到被测物质溶液中的过程，叫作滴定。当加入的滴定剂与被测物质正好按化学计量关系定量反应完毕时，称为滴定的化学计量点（理论终点，以 sp 表示）。在实际滴定过程中，利用指示剂在化学计量点附近发生颜色突变来确定滴定终点（以 ep 表示）。由于指示剂并不一定恰好在化学计量点时变色，所以滴定终点与化学计量点之间可能会存在着一个很小的差别，由此而造成的分析误差称为滴定误差或终点误差。

滴定分析法的准确度较高，一般测定时的相对误差在 0.2% 左右，而且所需的仪器设备简单，操作简便、迅速，因此，被广泛应用在水质分析中。

（1）根据反应类型不同，滴定分析法主要分以下 4 类：

1）酸碱滴定法。利用酸碱反应进行滴定的方法，其反应实质如下：

$$H^+ + OH^- \rightleftharpoons H_2O$$

2）配位滴定法。利用配位反应对金属离子进行滴定的方法，常用乙二胺四乙酸钠（乙二胺四乙酸的二钠盐，乙二胺四乙酸习惯用 H_4Y 表示，有七种型体，七种型体中只有 Y^{4-} 能与金属离子直接配位）为滴定剂，例如：

$$Mg^{2+} + Y^{4-} \rightleftharpoons MgY^{2-}$$

3）沉淀滴定法。利用生成沉淀的反应进行滴定的方法，如银量法：

$$Ag^+ + Cl^- \rightleftharpoons AgCl\downarrow$$

4）氧化还原滴定法。利用氧化还原反应进行滴定的方法，例如：

$$I_2 + 2S_2O_3^{2-} \rightleftharpoons 2I^- + S_4O_6^{2-}$$

以上 4 种方法都有其优点及其局限性，当同一物质可选用几种方法进行滴定时，必须根据被测物质的性质、含量、试样组分、是否有干扰离子以及分析结果的准确度要求等多种因素选用适当的测定方法。

（2）化学反应类型较多，能适用于滴定分析的化学反应必须满足以下 4 个条件：

1）反应要定量完成，在化学计量点反应的完全程度一般应在 99.9% 以上。

2）反应必须具有确定的化学计量关系，即反应按一定的反应方程式进行。

3）反应迅速，否则，应加适当催化剂或加热来加快反应速度。

4）必须要有方便、可靠的方法确定滴定终点。

凡是能完全满足上述要求的反应，都可以用直接滴定法，即用标准溶液直接滴定被测物质。如果反应不能完全符合上述要求，则可采用返滴法、置换法以及间接法等滴定方式。

1.1.1.2 重量分析法

重量分析法是通过一系列的操作步骤（如反应、沉淀、过滤、烘干、恒重等）使试样中的待测组分转化为另一种纯粹的、固定化学组成的化合物，再通过称量该化合物的质量，从而计算出待测组分的含量。重量分析法一般适合于高含量或中含量组分的测定，准确度比较高。由于分析过程麻烦，分析速度较慢，所以在水质常规分析中实际应用不多。

1.1.2 仪器分析法

通过使用仪器设备，测试物质的某些物理或物理化学性质来进行分析的方法称为

仪器分析法
分类

仪器分析法，也称为物理或物理化学分析法。

1.1.2.1 仪器分析法的种类

根据测定方法的原理，仪器分析法分为光学分析法、电化学分析法、色谱分析法等。

（1）光学分析法。光学分析法，又称光谱分析法，是以物质的光学光谱性质为基础的分析方法，主要有比色法、分光光度法、原子吸收分光光度法等，主要用于水的色度、浊度、硫化物、$NH_4^+ - N$、$NO_2^- - N$、$NO_3^- - N$、余氯、ClO_2、酚、CN^-、Cd^{2+}、Hg^{2+}、Cr^{6+}、Cr^{3+}、Pb^{2+}、Zn^{2+}、Cu^{2+}、Fe^{2+}、Fe^{3+}、Mn^{2+}、砷化物等许多微量成分的分析测定。

（2）电化学分析法。电化学分析法是以电化学理论和物质的电化学性质为基础建立起来的分析方法。通常是将试样溶液作为化学电池的一个组成部分，研究和测量溶液的电物理量（电极电位、电导、电量、电流等），从而测定被测物的含量。主要分为电位分析法、电导分析法、库仑分析法和极谱分析法。主要用于水中 pH 值、酸度和碱度的测定，也可用于酸碱滴定、配位滴定、沉淀滴定和氧化还原滴定等。

（3）色谱分析法。色谱分析法，又称层析法，是按物质在固定相与流动相间分配系数的差别而进行分离、分析的方法。其按流动相的分子聚集状态可分为液相分谱、气相色谱及超临界流体色谱法等。按分离原理可分为吸附、分配、空间排斥、离子交换、亲合及手性色谱法等诸多类别。按操作原理可分为柱色谱法及平板色谱法等。色谱法已成为应用最广、药典收藏最多的一类分析方法。本书主要介绍气相色谱法，该方法不仅可测定空气中各种有害物质的浓度，而且还用于水中许多成分的分离和超微量的测定。

以上 3 类分析法是应用最广的仪器分析方法。随着仪器分析的迅速发展，又研制出许多新的或有特殊用途的仪器分析方法，如差热分析法、质谱分析法、离子探针、X 射线荧光分析法、核磁共振、电子能谱等。这些分析方法，由于其用途特殊或仪器价格昂贵，一般普及率不高。

1.1.2.2 仪器分析法的特点

相对于化学分析法而言，仪器分析法有以下特点：

（1）灵敏度高。仪器分析法的灵敏度比化学分析法的灵敏度高得多，其检出量一般都在 ppm（百万分率）级、ppb（十亿分率）级，甚至更高。因此，仪器分析法主要适用于微量成分的测定，如水中的 Cr、Hg、Pb、氰化物等毒理学指标的测定。

（2）操作简便、分析速度快。由于仪器分析法的自动化程度较高，分析过程中的很多步骤由仪器自动完成，不需要人工参与，因此，分析速度快，适用于批量试样的分析及连续分析。

（3）选择性好。仪器分析法几乎都具有很好的选择性。只要调整到适当的条件，其他的组分一般不干扰，这对于分析组成复杂的试样非常方便。

（4）仪器设备较复杂、价格昂贵。尽管仪器分析法有很多的优点，是分析测试的一个发展方向，但是，目前它还不可能完全取代化学分析法。因为，相当一部分仪器分析还需要化学分析法进行预处理（如消化、稀释、排除干扰等），同时在建立测定方法过程中，还需要用经典的化学方法验证、制备标准溶液等。在实际分析测试工作中，应该根据具体情况和要求选用适当的方法。

任务 1.2　标　准　溶　液

已知准确浓度的溶液称为标准溶液。能用于直接配制或标定标准溶液的物质叫作基准物质或标准物质。基准物质必须满足以下条件：纯度高（其中杂质含量小于 0.01%）；稳定（不吸水、不分解、不挥发、不吸收 CO_2、不易被空气氧化）；易溶解；有较大的摩尔质量（称量时用量大，可减少称量误差）；定量参加反应，无副反应；试剂的组成与其化学式完全相符。在滴定分析法中常用的基准物质有 $KHC_8H_4O_4$（邻苯二甲酸氢钾）、$Na_2B_4O_7 \cdot 10H_2O$、无水 Na_2CO_3、$CaCO_3$、Zn、Cu、$K_2Cr_2O_7$、KIO_3、As_2O_3、$NaCl$ 等。

1.2.1　标准溶液的配制

标准溶液的配制通常有两种方法，即直接配制法和间接配制法（又称标定法）。

标准溶液的
配制方法

1.2.1.1　直接配制法

准确称取一定量的物质，用适量的水溶解后移入容量瓶，用水稀释至刻度，然后根据称取物质的质量和容量瓶的体积即可算出该标准溶液的准确浓度。

例如，欲配制 0.100mol/L 的 NaCl 标准溶液 100mL，则必须准确称量经干燥的分析 NaCl 0.5845g，用少量的水溶解后移入 100mL 的容量瓶中并用水稀释至刻度。

1.2.1.2　间接配制法

有一些化学试剂不符合基准物质的要求，如 NaOH 易吸水，CO_2、浓 HCl 溶液易挥发，$KMnO_4$ 和 $Na_2S_2O_3$ 不易提纯且见光易分解等，但在分析化学中又常常用到这些物质的标准溶液。对于这类物质一般采用间接配制法。具体做法是：首先通过计算配制成接近所需浓度的溶液，然后再用基准物质或其他标准溶液去校准它的准确浓度，这种利用基准物质或标准溶液来确定操作溶液准确浓度的过程称为"标定"。

1.2.2　标准溶液浓度的表示方法

标准溶液的浓度一般采用以下两种表示方法。

1.2.2.1　物质的量浓度

物质的量是指溶液中所含溶质的量，用 n 表示，其单位是 mol 或 mmol。物质的量浓度是指单位体积溶液中所含溶质的量，用 C 表示，其单位是 mol/L 或 mmol/L。

$$C = \frac{n}{V} \quad (n = \frac{m}{M}) \tag{1.1}$$

式中　n——溶质的物质的量；

　　　V——溶液的体积；

　　　m——溶质的质量；

　　　M——物质的摩尔质量。

在使用物质的量浓度时，必须指明基本单元。基本单元可以是原子、分子、离子、电子及其他粒子，或是这些粒子的特定组合。

例如，对于 H_2SO_4，基本单元可以是 H_2SO_4，也可以是 $1/2H_2SO_4$；对于 $KMnO_4$，基本单元可以是 $KMnO_4$，也可以是 $1/5\ KMnO_4$ 等。

对同一种物质 A，若设其基本单元分别为 A 和 aA（a 可以是整数或分数），则该物质在两种情况下的摩尔质量、物质的量、物质的量浓度之间有如下关系：

$$M(a\text{A})=aM(\text{A})；n(a\text{A})=\frac{1}{a}n(\text{A})；C(a\text{A})=\frac{1}{a}C(\text{A}) \tag{1.2}$$

例如，对于硫酸当分别以 H_2SO_4、$1/2H_2SO_4$ 为基本单元时，则有

$$M(1/2H_2SO_4)=1/2\ M(H_2SO_4)；n(1/2H_2SO_4)=2n(H_2SO_4)；$$
$$C(1/2H_2SO_4)=2C(H_2SO_4)$$

此时，$C(H_2SO_4)$ 若等于 $1mol/L$，表示每升 H_2SO_4 溶液中含有 H_2SO_4 98.08g；而 $C(1/2H_2SO_4)$ 等于 $1mol/L$，则表示每升 H_2SO_4 溶液中含有 H_2SO_4 49.04g。

1.2.2.2　滴定度

滴定度是指每毫升标准溶液相当于被测物质的质量（g/mL 或 mg/mL），用 $T_{X/S}$ 表示，其中 S 表示标准溶液的分子式，X 表示被测物质的分子式。

例如每毫升 H_2SO_4 溶液可与 0.0800 gNaOH 作用，则此 H_2SO_4 溶液对 NaOH 的滴定度为 $T_{NaOH/H_2SO_4}=0.0800g/mL$。若知道滴定度，再乘以滴定中用去标准溶液的体积，就可以直接得到被测物质的质量，即

$$m_X=T_{X/S}V_S \tag{1.3}$$

式中　V_S——滴定中用去的标准溶液的体积，mL。

【例 1.1】　用 $T_{Cl^-/AgNO_3}=0.0005g/mL$ 的 $AgNO_3$ 标准溶液，滴定某水样中 Cl^- 的含量，取水样 10.00mL，以 K_2CrO_4 为指示剂滴定至终点，消耗 $AgNO_3$ 标准溶液 6.30mL，试计算水样中 Cl^- 的含量（以 g/L 表示）。

解：$C_{Cl^-}=\dfrac{0.0005\times6.3}{10.00}\times1000=0.315(\text{g/L})$

任务 1.3　滴 定 分 析 的 计 算

滴定分析是用标准溶液滴定被测物质的溶液，滴定分析结果计算的依据是：当滴定达到化学计量点时，各物质的物质的量之间的关系恰好与其化学反应所表示的化学计量关系相符合。

1.3.1　待测物的物质的量 n_A 与滴定剂的物质的量 n_B 的关系

在滴定分析法中，设待测物质 A 与滴定剂 B 直接发生作用，则反应式如下：

$$a\text{A}+b\text{B}=c\text{C}+d\text{D}$$

当达到化学计量点时，a mol 的 A 物质恰好与 b mol 的 B 物质作用完全，则 n_A 与 n_B 之比等于它们的化学计量数之比，即

$$n_A：n_B=a：b \tag{1.4}$$

所以

$$n_A = \frac{a}{b} n_B \quad n_B = \frac{b}{a} n_A \tag{1.5}$$

例如，酸碱滴定法中，采用基准物质无水 Na_2CO_3 标定 HCl 溶液的浓度时，反应式为

$$2HCl + Na_2CO_3 \Longrightarrow 2NaCl + H_2CO_3$$

根据式（1.5）得到

$$n_{HCl} = \frac{2}{1} n_{Na_2CO_3} = 2 n_{Na_2CO_3}$$

若待测物溶液的体积为 V_A，浓度为 C_A，到达化学计量点时消耗浓度为 C_B 的滴定剂的体积为 V_B，则

$$C_A V_A = \frac{a}{b} C_B V_B \tag{1.6}$$

【例 1.2】　准确量取 10.00mL H_2SO_4 溶液，用 0.09613mol/L NaOH 溶液滴定，达到化学计量点时，消耗 NaOH 溶液的体积为 25.16mL，求 H_2SO_4 溶液的浓度是多少？

解：
$$2NaOH + H_2SO_4 \Longrightarrow Na_2SO_4 + 2H_2O$$

根据式（1.6）：$C_{H_2SO_4} V_{H_2SO_4} = \frac{1}{2} C_{NaOH} V_{NaOH}$

$$C_{H_2SO_4} = \frac{C_{NaOH} V_{NaOH}}{2 V_{H_2SO_4}} = \frac{0.09613 \times 25.16}{2 \times 10.00} = 0.1209 (mol/L)$$

1.3.2　待测物含量的计算

若称取的试样质量为 m_s，测得待测物的质量为 m_A，则待测物质 A 的质量分数为

$$w_A = \frac{m_A}{m_s} \times 100\% \tag{1.7}$$

由式（1.5）得　　　　　$n_A = \frac{a}{b} n_B = \frac{a}{b} C_B V_B$

因为 $n_A = \dfrac{m_A}{M_A}$　　　　　　所以　　　$m_A = \dfrac{a}{b} C_B V_B M_A \tag{1.8}$

于是，待测物 A 的质量分数为

$$w_A = \frac{\frac{a}{b} C_B V_B M_A}{m_s} \times 100\% \tag{1.9}$$

式（1.9）是滴定分析中计算被测物含量的一般通式。

【例 1.3】　称取铁矿石试样 0.1246g，经处理使铁呈 Fe^{2+} 状态，用 0.01124mol/L 的 $K_2Cr_2O_7$ 标准溶液滴定至终点，消耗 $K_2Cr_2O_7$ 标准溶液 16.45mL，计算试样中 Fe 的质量分数为多少？若用 Fe_2O_3 表示，其质量分数为多少？

解：
$$Cr_2O_7^{2-} + 6 Fe^{2+} + 14H^+ \Longrightarrow 2 Cr^{3+} + 6 Fe^{3+} + 7H_2O$$

$$n_{Fe} : n_{K_2Cr_2O_7} = 6 : 1$$

$$w_{Fe} = \frac{6C_{K_2Cr_2O_7} V_{K_2Cr_2O_7} M_{Fe}}{m_s} \times 100\%$$

$$= \frac{6 \times 0.01124 \times 16.45 \times 10^{-3} \times 55.85}{0.1246} \times 100\%$$

$$= 49.73\%$$

$$w_{Fe_2O_3} = \frac{3 \times 0.01124 \times 16.45 \times 10^{-3} \times 159.7}{0.1246} \times 100\%$$

$$= 71.10\%$$

1.3.3 溶液的配制和标定

【例 1.4】 配制 500mL 0.10mol/L Na$_2$CO$_3$ 溶液，需称取 Na$_2$CO$_3$ 多少克？

解：
$$n_{Na_2CO_3} = C_{Na_2CO_3} V_{Na_2CO_3}$$
$$m_{Na_2CO_3} = n_{Na_2CO_3} M_{Na_2CO_3}$$
$$m_{Na_2CO_3} = C_{Na_2CO_3} V_{Na_2CO_3} M_{Na_2CO_3} = 0.10 \times 500 \times 10^{-3} \times 106 = 5.3(g)$$

【例 1.5】 为标定某盐酸浓度，现称取无水 Na$_2$CO$_3$ 0.1275g，以甲基橙作指示剂，用该盐酸滴定，到达化学计量点时共消耗盐酸 20.65mL，求盐酸的浓度（以 mol/L 表示）。

解：
$$2HCl + Na_2CO_3 = 2NaCl + H_2CO_3$$

$$\frac{m_{Na_2CO_3}}{M_{Na_2CO_3}} = \frac{1}{2} C_{HCl} V_{HCl} \qquad C_{HCl} = \frac{2m_{Na_2CO_3}}{M_{Na_2CO_3} V_{Na_2CO_3}}$$

$$C_{HCl} = \frac{2 \times 0.1275}{106.0 \times 20.65 \times 10^{-3}} = 0.1165(mol/L)$$

【例 1.6】 求质量分数为 95% 的浓硫酸（$d = 1.84g/mL$）的浓度（$\frac{1}{2}$ H$_2$SO$_4$，mol/L）。若用此浓硫酸配制 100mL 1.0mol/L 的稀硫酸，应取多少毫升浓硫酸？

解： $n = \dfrac{m}{M}$ $\quad m = dV \times 95\%$ $\quad C = \dfrac{n}{V}$

$$C(H_2SO_4, mol/L) = \frac{d \times 95\%}{M \times 10^{-3}} = \frac{1.84 \times 95\%}{98.08 \times 10^{-3}} = 17.8(mol/L)$$

$$C\left(\frac{1}{2}H_2SO_4, mol/L\right) = 2C(H_2SO_4) = 35.6(mol/L)$$

设配制稀硫酸需取 x mL 的浓硫酸。由于配制前后，浓硫酸和稀硫酸中所含的硫酸的物质的量并未改变，所以

$$35.6x = 1.0 \times 100 \qquad 解得 \qquad x = 2.8(mL)$$

任务 1.4 误差及其表示方法

定量分析的任务是准确测定试样中组分的含量。在实际工作中，由于主观与客观条件的限制及影响，使得测定结果和真实值之间存在一定的差别，这种差别叫作误差。

1.4.1　误差的来源

根据误差的来源和性质，可以将误差分为以下几种。

1.4.1.1　系统误差

系统误差又称可测误差，是由某种固定的原因造成的，它具有单向性（正负、大小都有一定的规律）、重复性和可测性。系统误差产生的主要原因有以下几个方面。

（1）方法误差：指分析方法本身所造成的误差。例如滴定分析中，由指示剂确定的滴定终点与化学计量点不完全符合以及副反应的发生等，都将造成测定结果偏高或偏低。

（2）仪器误差：主要是仪器本身不够准确或未经校准所引起的。如天平、砝码或容量器皿刻度不准等，在使用过程中就会使测定结果产生误差。

（3）试剂误差：由于试剂不纯或蒸馏水中含有微量杂质所引起的误差。

（4）操作误差：操作人员一些生理上或习惯上的原因而造成的。例如，分析人员所掌握的分析操作与正确实验条件不符或分析人员由于视觉原因，在辨别滴定终点的颜色时，有的人偏浅，有的人偏深，在读取刻度时有的人偏高，有的人偏低。

1.4.1.2　随机误差

随机误差也称偶然误差，这类误差是由一些偶然和意外的原因产生的误差，如温度、压力等外界条件的突然变化，仪器性能的微小变化，操作技术上的微小差别以及天平（万分之一分析天平最小读数 0.0001g）、滴定管（常量滴定管最小读数 0.01mL）最后一位读数的不确定性等原因所引起的。在同一条件下多次测定所出现的随机误差，其大小、正负不定，是非单向性的，因此不能用校正的方法减小或避免此项误差。所以随机误差又称不可测误差。

1.4.1.3　过失误差

过失误差是由于分析人员主观上责任心不强、粗心或违反操作规程等原因造成的，例如试样的丢失或沾污、读数记录或计算错误等。过失误差常常表现为测量结果和事实明显不符，没有一定的规律可循。

1.4.2　分析结果的准确度和精密度

1.4.2.1　准确度

分析方法的准确度表示测定结果和真实值接近的程度。它决定于系统误差和随机误差。准确度可用误差表示，误差越小，准确度越高。误差分绝对误差和相对误差。

（1）绝对误差：测量值 X 与真值 T 之差称为绝对误差 E，即

$$E = X - T \tag{1.10}$$

真值是客观存在的真实数值，真值是未知的。但真值可由理论真值（如水样中某个组分的理论组成）、计量学约定真值（原子质量、分子质量、物理化学常数、物质的量单位等）和相对真值（如国家标准局提供的标准样品含量）来表示。

在实际水处理和分析实践中，通常以回收率表示分析方法的准确度。

$$回收率 = \frac{加标水样测定值 - 水样测定值}{加标量} \times 100\% \tag{1.11}$$

式中　加标水样测定值——水样中加入已知量的标准物质后按分析流程测定值，mg
　　　　　　　　　　或 mg/L；
　　　　水样测定值——水样直接按分析流程测定值，mg 或 mg/L；
　　　　加标量——加入标准物质的量，mg 或 mg/L。

回收率用百分数表示，回收率越大，测定方法的准确度越高。

（2）相对误差：绝对误差在真值中所占的百分率，用 RE 表示。

$$RE = \frac{E}{T} \times 100\% = \frac{X-T}{T} \times 100\% \tag{1.12}$$

绝对误差和相对误差都有正负之分，正值表示测定值比真值大，负值表示测定值
比真值小。

1.4.2.2　精密度

精密度是指各次测定结果互相接近的程度，由随机误差决定，有下列几种表示
方法。

（1）绝对偏差：测定值 X_i 与平均值 $\overline{X}$ 之差称为绝对偏差，用 d 表示。计算式为

$$d = X - \overline{X} \tag{1.13}$$

（2）平均偏差：它是对所有测定值偏离平均值的程度进行算术平均，用 $\overline{d}$ 表示。
计算式为

$$\overline{d} = \frac{1}{n} \sum_{i=1}^{n} |X_i - \overline{X}| \tag{1.14}$$

（3）相对偏差：绝对偏差 d 在平均值 $\overline{X}$ 中所占的百分数。计算式为

$$d(\%) = \frac{d}{\overline{X}} \times 100 \tag{1.15}$$

（4）相对平均偏差：平均偏差 $\overline{d}$ 在平均值 $\overline{X}$ 中所占的百分数。计算式为

$$\overline{d}(\%) = \frac{\overline{d}}{\overline{X}} \times 100 \tag{1.16}$$

（5）标准偏差：又称均方根偏差，用 S 表示。计算式为

$$S = \sqrt{\frac{\sum_{i=1}^{n}(X_i - \overline{X})^2}{n-1}} \tag{1.17}$$

（6）相对标准偏差：标准偏差 S 在平均值 $\overline{X}$ 中所占的百分数，也称变异系数，
用 $CV(\%)$ 表示。计算式为

$$CV(\%) = \frac{S}{\overline{X}} \times 100 \tag{1.18}$$

（7）极差：极差也称全距，它是一组数据中极大值与极小值之差，用 R 表示，
计算式为

$$R = X_{max} - X_{min} \tag{1.19}$$

1.4.2.3　准确度和精密度的关系

准确度和精密度的关系，如图 1.1 所示。

准确度和精
密度的关系

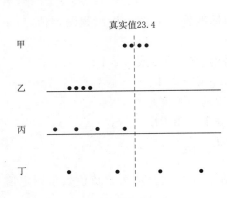

图 1.1　不同人员分别测试同一水样
溶解氧时所得的结果

甲、乙、丙、丁 4 人测定同一水样溶解氧时所得的结果如图 1.1 所示。从图中可以看出：甲所得结果的准确度和精密度都好，结果可靠；乙的分析结果虽然精密度很高，但准确度较低；丙的准确度和精密度都很差；丁的精密度很差，平均值虽然接近真实值，但这是由于大的正负误差相抵消的结果。如果丁的结果只取 2 次或 3 次测定结果来平均，结果就会与真实值相差很大，因此这个结果也是不可取的。由此可见，精密度是保证准确度的先决条件，准确度高一定需要精密度高。但精密度高，不一定准确度也高。只有在消除了系统误差之后，精密度高，准确度才会高。

1.4.3　提高准确度与精密度的方法

1.4.3.1　减少或消除系统误差和随机误差

（1）校准仪器：对滴定管、容量瓶、移液管、砝码以及精密分析仪表定期进行校准。

（2）做空白试验：在不加试样的情况下，按照试样的分析步骤和条件进行的测定叫作空白试验，得到的结果称为空白值。从试样的分析结果中扣除空白值，就可以得到更接近于真实含量的分析结果。

（3）做对照试验：用已知准确含量的标准试样或标准溶液，按同样方法进行分析测定以作对照，也可以用不同的分析方法，或者由不同单位的化验人员分析同一试样来互相对照。

（4）对分析结果校正：如测定水样中的 Cu，先用电化学分析法测定电极上析出的 Cu（设为 m_1），然后用比色法测定残留在水溶液中未被电解的 Cu（设为 m_2），则 $m_1 + m_2$ 之和就是水样中的 Cu。

（5）增加测定次数：同一试样，多做几次取平均值，可减少随机误差。测定次数越多，平均值越接近真值。一般要求平行测定 2～4 次。

（6）减少测量误差：在重量分析和滴定分析中，分析天平的称量误差为 0.0001g，滴定管读数误差为 0.01mL，相对误差均要求小于 0.1%。

（7）选择合适的分析方法：对常量组分宜采用重量分析法和滴定分析法。灵敏度虽不高，但准确度较高。微量组分宜采用仪器分析法，允许较大的相对误差，但灵敏度较高。

1.4.3.2　消除过失误差

消除过失误差，关键在于提高分析人员的业务素质和工作责任感，不断提高其理论和技术水平，严格遵守操作规程，认真进行试验。一旦发现测定结果异常，应立即检查测试方法和测试过程，对于存在过失误差的测定结果，应予以剔除；对于不明原因的异常测量结果，要按照异常数据的检验规则进行检验，以判断这种数据的性质，决定保留或剔除。

任务 1.5　分析结果的数据处理

1.5.1　有效数字及其计算规则

1.5.1.1　有效数字

为了得到准确的分析结果，不仅要按分析程序正确测量，还要如实地记录并正确地表示测量结果。分析测量结果必须用有效数字来表示。用有效数字表示的测量结果，除最后一位数字是可疑的，其余各位数字必须是确定无疑的。

有效数字是可靠数字和可疑数字（或欠准数字）的总称。可靠数字指一个量几次测定结果总是固定不变的数字。例如，用分析天平多次称量碳酸钠的结果是：3.6001、3.6003、3.6002，其中 3.600 为可靠数字，最后一位为可疑数字，因此，有 5 位有效数字。又如用常量滴定管几次滴定某水样时所消耗的体积为 10.25mL、10.24mL、10.26mL，有 4 位有效数字，其中前 3 位数字为可靠数字，第 4 位数字是估算出来的，为可疑数字。对有效数字的最后一位可疑数字，通常理解为可能有 ± 1 个单位的误差。下面是几组数据的有效数字及其位数：

0.09	5×10^4	1 位
0.0074	5.8×10^3	2 位
0.0740	5.80×10^{-4}	3 位
0.7400	58.00%	4 位
8.0740	80741	5 位

有效数字中"0"有双重意义，例如 0.0740 前面两个"0"只起定位作用，只与所采用的单位有关，与测量的精度无关，不是有效数字，而最后位"0"则表示测量精度所能达到的位数，是有效数字。

注意：类似 1200mL 有效数字位数含糊，若写成 1.2×10^3 mL（2 位）、1.20×10^3 mL（3 位）、1.200×10^3 mL（4 位），有效数字位数就明确了。还有 pH、pM、lg$K$ 等对数值，其有效数字位数只取决于小数部分数字（尾数）的位数，其中整数部分实际上只起定位作用。如 pH＝8.00，只有 2 位有效数字，因为 $[H^+]＝1.0 \times 10^{-8}$ mol/L；pH＝8.0，只有 1 位有效数字，因为 $[H^+]＝1 \times 10^{-8}$ mol/L。

1.5.1.2　有效数字的运算规则

（1）在加减法中，它们的和或差的有效数字位数，应与参加运算的数字中小数点后位数最少的那个数字相同。例如：3.68＋110.4＋7.8461＝121.9

其中 110.4 的小数点后位数最少，因此取 121.9。

（2）在乘除法中，它们的积或商的有效数字位数，应与参加运算的数字中有效数字位数最小的那个数字相同，例如：0.025×6.48×8.6492＝1.4

其中 0.025 有效数字位数最少（2 位），因此取 1.4。

（3）数字修约规则：测量值的有效数字位数确定后，就要将它们后面多余的数字舍弃。舍弃多余数字的过程称为"数字修约"。数字修约规则是"4 舍 6 入 5 成双"。

例如　4 舍：1.433→1.43；4.854→4.85

　　　6 入：2.456→2.46；3.286→3.29

　　　5 成双：6.545→6.54；6.535→6.54

注意：① 若某一数据中第一位有效数字大于或等于 8，则有效数字的位数可多算一位。如 8.46 可视为 4 位有效数字；② 在运算过程中，一些倍数、分数（如 2、5、10 及 1/6、1/8）可视为足够准确，不考虑其有效数字位数，计算结果的有效数字，应由其他测量数据来决定；③ 为了提高计算结果的可靠性，在计算过程中可暂时多保留一位有效数字位数，得到最后结果时，再根据"数字修约"的规则，舍去多余的数字。

1.5.2　可疑数据的取舍

在重复多次测定时，如出现特大或特小的可疑值时，又不是由明显的过失造成的，就要根据随机误差分布规律决定取舍。统计学中有很多种检验方法，其中 Q 检验法较严格且使用方便。当测定次数 $3 \leqslant n \leqslant 10$ 时，根据所要求的置信度，按照下列步骤，检验可疑数是否应弃去。

（1）将各数据按递增的顺序排列：x_1，x_2，…，x_n。

（2）求出最大值与最小值之差：$x_n - x_1$。

（3）求出可疑数与其最邻近数之差：$x_n - x_{n-1}$ 或 $x_2 - x_1$（可疑数只可能在两端）。

（4）求出 Q：

$$Q = \frac{x_n - x_{n-1}}{x_n - x_1} \text{ 或 } Q = \frac{x_2 - x_1}{x_n - x_1}$$

（5）根据测定次数 n 和要求的置信度，查表 1.1，得出 $Q_{临}$。

（6）将 Q 与 $Q_{临}$ 相比，若 $Q > Q_{临}$ 则舍去可疑值，否则应予保留。

表 1.1　　　　　　　　　　　　　　Q 临界值表（置信度 90% 和 95%）

测定次数	3	4	5	6	7	8	9	10
$Q_{0.90}$	0.94	0.76	0.64	0.56	0.51	0.47	0.44	0.41
$Q_{0.95}$	1.53	1.05	0.86	0.76	0.69	0.64	0.60	0.58

【例 1.7】　测定水样中 Fe 的含量（mol/L），6 次平行测定的数据为 1.52、1.46、1.54、1.56、1.50 和 1.83，试判断 1.83 能否保留（置信度为 90%）？

解：将数据从小到大依次排列：1.46、1.50、1.52、1.54、1.56、1.83，则

$$Q = \frac{1.83 - 1.56}{1.83 - 1.46} = 0.73$$

查 Q 临界值表 1.1 知：$n = 6$，$Q_{临} = 0.56$

因为 $Q > Q_{临}$，所以 1.83 应舍去，不能保留。

1.5.3　置信度与平均值的置信区间

在实际分析工作中，不可能对一试样做无限次的测定，而且也没有必要做无限次的测定。进行有限次测定，只能知道测定的平均值。由统计学可以推导出有限次数测定的平均值 $\overline{x}$ 和总体平均值（真值）μ 的关系，即

$$\mu = \overline{x} \pm \frac{ts}{\sqrt{n}} \tag{1.20}$$

式中　s——标准偏差；

　　　n——测定次数；

　　　t——在选定的某一置信度下的概率系数，可根据测定次数从表 1.2 中查得。

由表 1.2 可知，t 值随测定次数的增加而减小，也随置信度的提高而增大。根据式（1.20）可以估算出在选定的置信度下，总体平均值在以测定平均值 $\overline{x}$ 为中心的多大范围内出现，这个范围就是平均值的置信区间。

表 1.2　　　　　　　　　　对于不同测定次数及不同置信度的 t 值

测定次数 n	置　　信　　度				
	50%	90%	95%	99%	99.5%
2	1.000	6.314	12.706	63.657	127.32
3	0.816	2.920	4.303	9.925	14.089
4	0.765	2.353	3.182	5.841	7.453
5	0.741	2.132	2.776	4.604	5.598
6	0.727	2.015	2.571	4.032	4.773
7	0.718	1.943	2.447	3.707	4.317
8	0.711	1.895	2.365	3.500	4.029
9	0.706	1.860	2.306	3.355	3.832
10	0.703	1.833	2.262	3.250	3.690
11	0.700	1.812	2.228	3.169	3.581
12	0.687	1.725	2.086	2.845	3.153
∞	0.674	1.645	1.960	2.576	2.807

【例 1.8】　对某试样中 Na^+ 的含量进行 6 次分析测定，测定结果如下：28.62%、28.59%、28.63%、28.51%、28.48%、28.52%。试计算置信度为 95% 时的平均值的置信区间。

解： $\overline{x} = \dfrac{(28.62 + 28.59 + 28.63 + 28.51 + 28.48 + 28.52)\%}{6} = 28.56\%$

$$s = \sqrt{\frac{[(0.06)^2 + (0.03)^2 + (0.07)^2 + (0.05)^2 + (0.08)^2 + (0.04)^2](\%)^2}{6-1}} = 0.06\%$$

查表 1.2，置信度为 95%，$n = 6$ 时，$t = 2.571$

$$\mu = 28.56\% \pm \frac{2.571 \times 0.06\%}{\sqrt{6}}$$
$$= (28.56 \pm 0.07)\%$$

1.5.4　水质分析结果的表示方法

水质分析中至少取两个或两个以上平行试样进行分析，并用其平均值表示分析结果。

水样分析结果通常用毫克/升（mg/L）或 ppm（即百万分之几）表示。当浓度小于 0.1mg/L 时，则用 μg/L（即微克/升）或 ppb（即十亿分之几）表示，或更小的单位 ng/L（即纳克/升）或 ppt（即万亿分之几）表示。

$$1g = 10^3 mg = 10^6 \mu g = 10^9 ng$$

对浓度大于 1000mg/L 时，用百分数表示，当比重等于 1.00 时，1‰ 等于 10000mg/L。当测量高比重的水样（废液）时，如以 ppm 或质量百分比表示时，应做如下修正：

$$\text{ppm（按重量）} = \frac{mg/L}{比重} \qquad \text{％（按重量）} = \frac{mg/L}{1000 \times 比重} \qquad (1.21)$$

在此情况下，如以 mg/L 表示时，则应注明比重。显然，当水样的比重为 1.0000 时，1mg/L＝1ppm，1μg/L＝1ppb，1ng/L＝1ppt。在水质分析中，一般天然水、多数废水和污水的比重都近似于 1，因此实际工作中 mg/L 与 ppm、μg/L 与 ppb 等常互相混用。但对于高比重的工业废水、废液、海水或水中的污泥等测定结果，必须按式（1.21）进行修正。

对于水质分析中的一些物理指标（如色度、浊度等）、微生物指标（如细菌总数等）以及部分化学指标（如硬度、碱度等）的分析结果还有它们各自的表示方法，这在有关章节中再介绍。

思 考 题 与 习 题

项目 1 答案

1. 简述分析方法的准确度、精确度及其相互关系，在实际工作中如何表示它们？
2. 什么是标准溶液和基准物质？
3. 滴定分析中化学计量点和滴定终点有何区别？
4. 下列情况分别引起什么误差？如果是系统误差，应如何消除？

（1）砝码被腐蚀；　　　　　　　　（2）天平的两臂不等长；

（3）滴定剂过量；　　　　　　　　（4）滴定管未校准；

（5）容量瓶和移液管不配套；　　　（6）在称样时试样吸收了少量水分；

（7）试剂里含有微量的被测组分；　（8）天平的零点突然有变动；

（9）读取滴定管读数时，最后一位数字估计不准；

（10）以含量约为 98％ 的 Na_2CO_3 为基准试剂来标定盐酸溶液。

5. 求 0.150mol/L HCl 溶液的滴定度（以 g/mL 作单位），用每毫升该溶液相当于 CaO 和 NaOH 的克数表示。

6. 已知某 HCl 标准溶液的滴定度为 0.004374g/mL，求：

（1）相当于 NH_3 的滴定度；

（2）相当于 BaO 的滴定度。

7. 配制 0.4000mol/L 的下列三种物质的溶液各 250mL，问需在分析天平上称取三种物质各多少克？

（1）Na_2CO_3

（2）$CuSO_4 \cdot 5H_2O$

（3）$NaOH$

8. 欲配制 0.50L 0.10mol/L H_2SO_4 溶液，需质量分数为 96％的硫酸（相对密度为 1.84）多少毫升？

9. 称取 0.3280g $H_2C_2O_4 \cdot 2H_2O$ 标定 $NaOH$ 溶液，消耗 $NaOH$ 溶液 25.78mL，求 $NaOH$ 溶液的物质的量浓度？

10. 称取工业纯碱试样 0.2648g，用 0.1000mol/L 的 HCl 标准溶液滴定，用甲基橙为指示剂，消耗 HCl 溶液 48.00mL，求纯碱的纯度为多少？

11. 称取 0.3000g $Na_2C_2O_4$ 基准物质，溶解后在强酸溶液中用 $KMnO_4$ 溶液滴定，用去 40.00mL，计算该溶液的物质的量浓度（1/5 $KMnO_4$，mol/L）。

12. 称取大理石试样 0.1121g 溶于酸中，调节酸度后加入过量的 $(NH_4)_2C_2O_4$ 溶液，使 Ca^{2+} 沉淀为 CaC_2O_4。过滤、洗净，将沉淀溶于稀 H_2SO_4 中。溶解后的溶液用 $KMnO_4$ 标准溶液（1/5$KMnO_4$＝0.1042mol/L）滴定，消耗 20.15mL，求大理石中 $CaCO_3$ 的质量分数。

13. 为标定 $(NH_4)_2Fe(SO_4)_2$ 溶液的准确浓度。准确量取 10.0mL $K_2Cr_2O_7$ 标准溶液（1/6$K_2Cr_2O_3$＝0.1250mol/L），用 $(NH_4)_2Fe(SO_4)_2$ 溶液滴定消耗 12.5mL，问该溶液的物质的量浓度是多少？

14. 常量滴定管的读数误差为 ±0.01mL，如果要求滴定的相对误差分别小于 0.2％和 0.02％，问滴定时至少消耗标准溶液的量是多少毫升？这些结果说明了什么问题？

15. 万分之一分析天平，可准确称至 ±0.1mg，如果分别称取试剂 50.0 mg 和 20.0mg，相对误差是多少？这些数值说明了什么问题？

16. 银量法测定某水样中的 Cl^-（mol/L），10 次测定结果为 10.1、10.0、9.5、9.7、10.2、9.8、10.5、9.9、9.9 和 10.4，问测定结果的相对平均偏差和相对标准误差（以 CV 表示）各多少？

17. 下列数据各包括几位有效数字：

（1）0.0070　　（2）6.080　　（3）2.1×10^{-5}　　（4）pH＝6.0　　（5）0.60％

18. 根据有效数字保留规则，计算下式结果。

（1）$7.9936 \div 0.9967 - 5.02$

（2）$0.0325 \times 5.103 \times 60.06 \div 139.8$

（3）$0.414 \div (31.3 \times 0.0530)$

（4）$(1.276 \times 4.17) + (1.7 \times 10^{-4}) - (0.0021764 \times 0.0121)$

19. 测定某水样的化学需氧量（mol/L）共进行了 6 次平行测定，测定结果为 28.62、28.59、28.51、28.48、28.52 和 28.63。试估计该水样中化学需氧量的真值（置信度为 95％）。

20. 测定水样中 Fe 的含量（mol/L），6 次平行测定的数据为 1.52、1.46、1.54、1.56、1.50 和 1.83，试判断 1.83 能否保留（置信度为 90％）？

酸 碱 滴 定 法

【学习目标】

了解水溶液中酸碱组分不同型体的分布，了解缓冲溶液，掌握酸碱质子理论、酸碱溶液中 pH 值的计算、酸碱指示剂的作用原理及其变色范围、酸碱滴定法的基本原理、水中碱度及其测定方法、水中酸度及其测定方法。

【基本内容】

酸碱质子理论、水溶液中酸碱组分不同型体的分布、质子条件式、酸碱溶液中 pH 值的计算、缓冲溶液、酸碱指示剂、酸碱滴定法的基本原理、水中碱度及其测定原理、水中酸度（游离 CO_2、侵蚀性 CO_2）及其测定原理。

酸碱滴定法是以酸碱反应为基础的滴定分析方法。利用酸碱滴定法可以测定酸、碱以及能和酸碱发生反应的物质的含量。在水质分析中酸碱滴定法应用广泛，如测定水中的酸度、碱度和二氧化碳等。

任务 2.1　水溶液中酸碱平衡的基本理论

2.1.1　酸碱质子理论

2.1.1.1　酸碱定义

1923 年，布朗斯特提出的酸碱质子理论认为：凡是能给出质子（H^+）的物质是酸，能接受质子的物质是碱。如用 HB 表示酸的化学式，则有下列反应：

$$HB \rightleftharpoons H^+ + B^- \tag{2.1}$$

酸（HB）给出一个质子（H^+）而形成碱（B^-），碱（B^-）接受一个质子（H^+）便形成酸（HB）；此时碱（B^-）称为酸（HB）的共轭碱，酸（HB）称为碱（B^-）的共轭酸。这一对酸和碱相互依存，不能分开。这种由于质子得失而互相转化的一对酸碱叫作共轭酸碱对，这样的反应叫酸碱半反应。例如：

共轭酸 $\rightleftharpoons$ 质子 + 共轭碱　　　　　　　　共轭酸碱对

$HCl \rightleftharpoons H^+ + Cl^-$　　　　　　　　　　　HCl/Cl^-

$NH_4^+ \rightleftharpoons H^+ + NH_3$　　　　　　　　　　NH_4^+/NH_3

$HAc \rightleftharpoons H^+ + Ac^-$　　　　　　　　　　　HAc/Ac^-

酸碱的定义

$$H_2CO_3 \Longrightarrow H^+ + HCO_3^- \qquad\qquad H_2CO_3/HCO_3^-$$
$$HCO_3^- \Longrightarrow H^+ + CO_3^{2-} \qquad\qquad HCO_3^-/CO_3^{2-}$$
$$Al(H_2O)_6^{3+} \Longrightarrow H^+ + Al(H_2O)_5^{3+}(OH)^{2+} \qquad Al(H_2O)_6^{3+}/Al(H_2O)_5^{3+}(OH)^{2+}$$

由此可见，酸、碱既可以是中性分子，也可以是阳离子或阴离子。像 HCO_3^- 等有些既能给出质子，又能接受质子，称为酸碱两性物质。

2.1.1.2 酸碱反应

酸碱反应实际上是两个共轭酸碱对共同作用的结果，即由两个酸碱半反应结合而成。

例如：$HAc \Longrightarrow H^+ + Ac^-$ 　　酸碱半反应
　　　　$H_2O + H^+ \Longrightarrow H_3O^+$ 　　酸碱半反应

总反应式：

$$HAc + H_2O \Longrightarrow H_3O^+ + Ac^-$$

酸₁　碱₂　　酸₂　碱₁（共轭，共轭）

在上述反应中，H_2O 起碱的作用。

例如：$NH_3 + H^+ \Longrightarrow NH_4^+$ 　　酸碱半反应
　　　　$H_2O \Longrightarrow H^+ + OH^-$ 　　酸碱半反应

总反应式：

$$NH_3 + H_2O \Longrightarrow OH^- + NH_4^+$$

碱₂　酸₁　　碱₁　酸₂（共轭，共轭）

在上述反应中，H_2O 起酸的作用。

可见，酸碱反应的实质是质子的转移过程。由于 H_3O^+ 是水合氢离子（即水合质子），所以 H_3O^+ 可简写成 H^+。一般为简便起见，表示酸碱反应的反应式均可不写出与溶剂的作用过程。如：

$$HAc \Longrightarrow H^+ + Ac^-$$
$$NH_4^+ \Longrightarrow H^+ + NH_3$$

2.1.1.3 溶剂的质子自递反应

H_2O 作为溶剂，既可作酸又可作碱，且本身有质子传递作用。如：

$$H_2O + H_2O \Longrightarrow H_3O^+ + OH^-$$

酸₁　碱₂　　酸₂　碱₁（共轭，共轭）

这种溶剂 H_2O 分子之间发生的质子传递作用称为溶剂 H_2O 的质子自递作用，反

17

应的平衡常数称为水的质子自递常数 K_w。$K_w = [H^+][OH^-] = 10^{-14}$（25℃）。

2.1.1.4　水溶液中的酸碱强度

水溶液中酸碱的强弱取决于酸碱本身给出质子或接受质子能力的强弱。物质给出质子的能力越强，其酸性就越强，反之就越弱。同理，物质接受质子的能力越强，其碱性就越强；反之就越弱。这种给出或接受质子的能力，通常用酸碱在水中的离解常数的大小来衡量。酸碱在水中的离解常数越大酸碱性越强。酸碱的离解常数分别用 K_a 和 K_b 表示（弱酸和弱碱的离解常数见附录1）。例如：

$$HCOOH(K_a = 1.7 \times 10^{-4})，HAc(K_a = 1.7 \times 10^{-5})，NH_4^+(K_a = 5.6 \times 10^{-10})$$

K_a 逐渐变小,酸给出质子的能力逐渐变弱

相反，上述三种酸的共轭碱的强度如下：

$$COOH^-(K_b = 5.9 \times 10^{-11})，Ac^-(K_b = 5.9 \times 10^{-10})，NH_4^+(K_b = 1.8 \times 10^{-5})$$

K_b 逐渐变大,碱接受质子的能力逐渐变强

2.1.1.5　共轭酸碱对 K_a 和 K_b 的关系

以 HAc 为例，讨论 HAc 与 Ac$^-$ 共轭酸碱对的 K_a 和 K_b 的关系。

$$HAc + H_2O \rightleftharpoons H_3O^+ + Ac^- \quad K_a = \frac{[H^+][Ac^-]}{[HAc]}$$

$$Ac^- + H_2O \rightleftharpoons HAc + OH^- \quad K_b = \frac{[HAc][OH^-]}{[Ac^-]}$$

$$K_a \cdot K_b = [H^+][OH^-] = K_w = [H^+][OH^-] = 10^{-14}（25℃） \quad (2.2)$$

可见，共轭酸碱对的 K_a 和 K_b 之间有确定的关系。

同理可以推导出多元酸碱也有类似情况。如共轭酸碱对 H_2CO_3/HCO_3^- 和 HCO_3^-/CO_3^{2-} 的 K_a 和 K_b 的关系分别是

$$K_{a1}K_{b2} = K_{a2}K_{b1} = [H^+][OH^-] = K_w \quad (2.3)$$

式中　K_{a1}——多元酸的一级解离平衡常数，这里是 H_2CO_3 的一级解离平衡常数；

K_{a2}——多元酸的二级解离平衡常数，这里是 H_2CO_3 的二级解离平衡常数；

K_{b1}——多元碱的一级解离平衡常数，这里是 CO_3^{2-} 的一级解离平衡常数；

K_{b2}——多元碱的二级解离平衡常数，这里是 CO_3^{2-} 的二级解离平衡常数。

2.1.2　水溶液中酸碱组分不同型体的分布

在水分析化学中，水溶液中某种溶质的浓度称为分析浓度，又称总浓度，用符号 C 表示。分析浓度是溶液中溶质各种型体的浓度之和。

当反应达到平衡时，水溶液中溶质某种型体的实际浓度称为平衡浓度，常用符号"［　］"表示。溶液中某酸碱组分的平衡浓度占其总浓度的分数，称为该型体的分布分数，用符号 δ 表示。各存在型体平衡浓度的大小由溶液氢离子浓度所决定，因此每种型体的分布分数也随着溶液氢离子浓度的变化而变化。分布分数 δ 与溶液 pH 值间的关系曲线称为分布曲线。学习分布曲线，可以帮助我们深入理解酸碱滴定、配位滴定、沉淀反应等过程，并且对于反应条件的选择和控制具有指导意义。

2.1.2.1　一元弱酸的分布

以 HAc 为例。令 HAc 的总浓度为 C_{HAc}，HAc 和 Ac$^-$ 的平衡浓度为 ［HAc］和

$[Ac^-]$，则

$$\delta_{HAc} = \frac{[HAc]}{C_{HAc}} = \frac{[HAc]}{[HAc]+[Ac^-]} = \frac{[H^+]}{K_a+[H^+]} \qquad (2.4a)$$

$$\delta_{Ac^-} = \frac{[Ac^-]}{C_{HAc}} = \frac{[Ac^-]}{[HAc]+[Ac^-]} = \frac{K_a}{K_a+[H^+]}$$

$$\delta_{HAc} + \delta_{Ac^-} = 1$$

HAc、Ac^- 分布分数和溶液 pH 的关系曲线如图 2.1 所示。从图 2.1 可以看到：当 pH$<$pK_a，HAc 为主要存在型体；当 pH$>$pK_a 时，Ac^- 为主要存在型体。当 pH$=$pK_a 时，HAc 与 Ac^- 各占 1/2，$\delta_{HAc} = \delta_{Ac^-} = 0.5$。

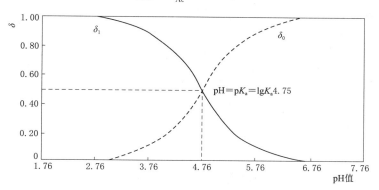

图 2.1　HAc、Ac^- 分布分数和溶液 pH 值的关系曲线

【**例 2.1**】　计算 pH$=$5.00 时，δ_{HAc} 和 δ_{Ac^-} 各是多少？

解：$\delta_{HAc} = \dfrac{[H^+]}{K_a+[H^+]} = \dfrac{1.0 \times 10^{-5}}{1.75 \times 10^{-5} + 1.0 \times 10^{-5}} = 0.36$

$\delta_{Ac^-} = 1 - 0.36 = 0.64$

一元弱碱可看成共轭酸失去质子后的共轭碱，其分布分数和分布曲线的变化规律与一元弱酸相同。以 NH_3 为例有

$$\delta_{NH_3} = \frac{[NH_3]}{C_{NH_3}} = \frac{[OH^-]}{K_b+[OH^-]} = \frac{K_a}{K_a+[H^+]} \qquad (2.4b)$$

$$\delta_{NH_4^+} = \frac{[NH_4^+]}{C_{NH_3}} = \frac{K_b}{K_b+[OH^-]} = \frac{[H^+]}{K_a+[H^+]}$$

于是得出结论：一元弱酸或一元弱碱中的共轭酸碱对的分布分数计算公式如下：

$$\delta_{共轭酸} = \frac{[H^+]}{K_a+[H^+]} \qquad \delta_{共轭碱} = \frac{K_a}{K_a+[H^+]} \qquad (2.5)$$

2.1.2.2　多元弱酸的分布

现以二元弱酸 H_2CO_3 为例，H_2CO_3 在水溶液中有 H_2CO_3、HCO_3^- 和 CO_3^{2-} 三种型体，

所以

$$C_{H_2CO_3} = [H_2CO_3] + [HCO_3^-] + [CO_3^{2-}]$$

$$\delta_{H_2CO_3} = \frac{[H_2CO_3]}{C_{H_2CO_3}} = \frac{[H_2CO_3]}{[H_2CO_3]+[HCO_3^-]+[CO_3^{2-}]}$$

$$= \frac{1}{1 + \dfrac{[HCO_3^-]}{[H_2CO_3]} + \dfrac{[CO_3^{2-}]}{[H_2CO_3]}} = \frac{1}{1 + \dfrac{K_{a1}}{[H^+]} + \dfrac{K_{a1}K_{a2}}{[H^+]^2}}$$

$$= \frac{[H^+]^2}{[H^+]^2 + K_{a1}[H^+] + K_{a1}K_{a2}} \tag{2.6a}$$

$$\delta_{HCO_3^-} = \frac{[HCO_3^-]}{C_{H_2CO_3}} = \frac{K_{a1}[H^+]}{[H^+]^2 + K_{a1}[H^+] + K_{a1}K_{a2}} \tag{2.6b}$$

$$\delta_{CO_3^{2-}} = \frac{[CO_3^{2-}]}{C_{H_2CO_3}} = \frac{K_{a1}K_{a2}}{[H^+]^2 + K_{a1}[H^+] + K_{a1}K_{a2}} \tag{2.6c}$$

H_2CO_3 溶液中各种型体的分布分数和溶液 pH 值的关系曲线如图 2.2 所示。

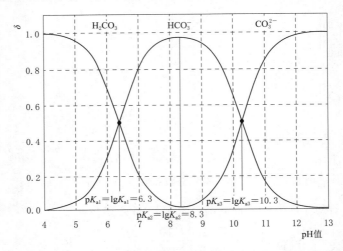

图 2.2　H_2CO_3 溶液中各种型体的分布分数和溶液 pH 值的关系曲线

从图 2.2 可以看到：当 $pH < pK_{a1}$ 时，H_2CO_3 为主要存在型体；当 $pK_{a1} < pH < pK_{a2}$ 时，HCO_3^- 为主要存在型体；当 $pH < pK_{a2}$ 时，CO_3^{2-} 为主要存在型体。当 $pH = pK_{a1}$ 时，$\delta_{H_2CO_3} = \delta_{HCO_3^-}$；当 $pH = pK_{a2}$ 时，$\delta_{HCO_3^-} = \delta_{CO_3^{2-}}$。

分布曲线很直观地反映出存在型体与溶液 pH 值的关系，在选择反应条件时，可以按所需组分查图，即可得到相应的 pH 值。

三元弱酸（如 H_3PO_4）的分布分数，读者可参照二元弱酸情况自行推出。

2.1.3　酸碱溶液中 pH 值的计算

2.1.3.1　质子条件式

酸碱反应是物质间质子转移的结果。当酸碱反应达到平衡时，酸给出的质子数一定等于碱接受的质子数，这种得失质子的物质的量相等的关系称为质子条件，其数学表达式称为质子条件式。根据质子条件式，可以计算出溶液的 $[H^+]$。

质子条件式可由溶液中得失质子的关系直接导出。一般将原始的酸碱组分（即与质子转移直接有关的溶质和溶剂）作为零水准。与零水准相比较，少了质子的物质就是失质子产物，多了质子的物质就是得质子产物。

例如，在一元弱酸（HB）的水溶液中，有如下平衡：

$$HB+H_2O \Longleftrightarrow H_3O^+ + B^-$$

$$H_2O + H_2O \Longleftrightarrow H_3O^+ + OH^-$$

由上述平衡可知，得质子的产物是 H_3O^+，失质子的产物是 B^- 和 OH^-。根据酸碱平衡中得失质子的物质的量相等原则，得到质子条件式为

$$[H_3O^+] = [B^-] + [OH^-] \quad 或 \quad [H^+] = [B^-] + [OH^-] \tag{2.7}$$

【例 2.2】 写出浓度为 $C mol/L$ 的 H_3PO_4 的质子条件式。

解：零水准是 H_3PO_4 和 H_2O。整个平衡体系中的质子转移反应有

$$H_3PO_4 \Longleftrightarrow H^+ + H_2PO_4^-$$

$$H_2PO_4^- \Longleftrightarrow H^+ + HPO_4^{2-}$$

$$HPO_4^{2-} \Longleftrightarrow H^+ + PO_4^{3-}$$

$$H_2O \Longleftrightarrow H^+ + OH^-$$

由上述平衡可知，从零水准得质子的产物是 H^+，失质子的产物是 OH^-、$H_2PO_4^-$、HPO_4^{2-} 和 PO_4^{3-}，所以质子条件式为

$$[H^+] = [OH^-] + [H_2PO_4^-] + 2[HPO_4^{2-}] + 3[PO_4^{3-}]$$

在写质子条件式时，如果质子转移的量等于或大于 $2mol$，它们的浓度之前一定要乘以这一相应的系数，才符合得失质子的物质的量相等关系。

2.1.3.2 酸碱溶液 pH 值的计算

1. 强酸（碱）溶液

水溶液中强酸 HX 的质子条件式为

$$[H^+] = [OH^-] + [X^-] = [OH^-] + [C_{HX}] \tag{2.8}$$

将 $[H^+] \times [OH^-] = K_w$ 代入式（2.8），整理后得

$$[H^+]^2 - C_{HX}[H^+] - K_w = 0$$

$$[H^+] = \frac{1}{2}[C_{HX} + \sqrt{(C_{HX})^2 + 4K_w}] \tag{2.9a}$$

该式是强酸溶液中 $[H^+]$ 的精确计算式。当强酸溶液浓度不太稀时，可忽略水的离解，于是得到计算强酸溶液中 $[H^+]$ 的最简式为

$$[H^+] = C_{HX} \tag{2.9b}$$

同理可导出强碱溶液中 $[H^+]$ 的计算式为

$$[OH^-] = \frac{1}{2}[C_{MOH} + \sqrt{(C_{MOH})^2 + 4K_w}]（精确式） \tag{2.10a}$$

$$[OH^-] = C_{MOH}（最简式） \tag{2.10b}$$

【例 2.3】 计算 $5.0 \times 10^{-7} mol/L$ HCl 溶液的 pH 值。

解：因为 C_{HCl} 较小，所以用精确式，即

$$[H^+] = \frac{1}{2}[5.0 \times 10^{-7} + \sqrt{(5.0 \times 10^{-7})^2 + 4 \times 1.0 \times 10^{-14}}] = 5.19 \times 10^{-7}（mol/L）$$

$$pH = 6.28$$

2. 一元弱酸（碱）溶液

在水溶液中一元弱酸 HB 的质子条件式为

$$[H^+]=[B^-]+[OH^-]$$

将 $[B^-]=K_a[HB]/[H^+]$ 和 $[OH^-]=K_w/[H^+]$ 代入上式并整理得

$$[H^+]=\sqrt{K_w+K_a[HB]} \tag{2.11a}$$

上式是计算一元弱酸溶液中 $[H^+]$ 的精确式。式中的 $[HB]$ 是 HB 的平衡浓度，可利用分布分数的公式求得，但相当复杂。在计算 $[H^+]$ 时，若允许有 5% 的误差，则有以下 4 种情况。

（1）当 $CK_a \geqslant 20K_w$（可忽略 K_w）且 $C/K_a < 500$（不能忽略 HB 离解产生的 $[H^+]$）时式（2.11a）可进一步简化为

$$[H^+]=\frac{1}{2}(-K_a+\sqrt{K_a^2+4C_{HB}K_a}) \quad （近似式） \tag{2.11b}$$

（2）当 $CK_a \geqslant 20K_w$ 且 $C/K_a > 500$ 时，式（2.11a）可进一步简化为

$$[H^+]=\sqrt{K_a C_{HB}} \quad （最简式） \tag{2.11c}$$

（3）当 $K_a \leqslant 20K_w$ 且 $C/K_a > 500$ 时，式（2.11a）可进一步简化为

$$[H^+]=\sqrt{K_w+K_a C_{HB}} \tag{2.11d}$$

这是计算极弱或极稀酸溶液中 $[H^+]$ 的公式。

（4）当 $K_a \leqslant 20K_w$ 且 $C/K_a < 500$ 时，只能采用精确式进行计算。

【例 2.4】　计算 1.0×10^{-5} mol/L HCN 溶液的 pH 值。

解： HCN 的 $K_a=4.9 \times 10^{-10}$

因为 $C_{HCN}K_a=1.0 \times 10^{-5} \times 4.9 \times 10^{-10}=4.9 \times 10^{-15} < 20K_w$

且 $C_{HCN}/K_a=1.0 \times 10^{-5}/4.9 \times 10^{-10} > 500$

所以按式（2.11d）进行计算，即

$$[H^+]=\sqrt{K_w+K_a C_{HB}}=\sqrt{1.0 \times 10^{-14}+4.9 \times 10^{-10} \times 1.0 \times 10^{-5}}=1.22 \times 10^{-7}(mol/L)$$
$$pH=6.91$$

对与一元弱碱溶液，只要将上述计算一元弱酸溶液 $[H^+]$ 各式的中 K_a 换成 K_b，$[H^+]$ 换成 $[OH^-]$，就可以计算出一元弱碱溶液中的 $[OH^-]$。

3. 多元弱酸（碱）溶液

多元弱酸（碱）溶液的 pH 值的计算比较复杂，但在实际工作中，若计算 $[H^+]$ 允许有 5% 的误差，则常常进行近似计算，只考虑一级离解，这样就与一元弱酸（碱）溶液的处理类似了。

4. 两性物质溶液

在水溶液中，两性物质（如 $NaHCO_3$、NaH_2PO_4、NH_4Ac 等）的酸碱平衡是较为复杂的，但在计算 $[H^+]$ 时，可以进行合理的简化处理。

以 $NaHCO_3$ 为例，其质子条件式为

$$[H^+]=[OH^-]+[CO_3^{2-}]-[H_2CO_3]$$

将平衡常数 K_{a1}、K_{a2} 的表达式代入上式，并经整理得

$$[H^+] = \sqrt{\dfrac{K_{a1}(K_{a2}[HCO_3^-] + K_w)}{K_{a1} + [HCO_3^-]}} \tag{2.12a}$$

这是计算 $NaHCO_3$ 溶液中 $[H^+]$ 的精确式。如果忽略 HCO_3^- 的酸式和碱式离解产物 H_2CO_3 和 CO_3^{2-}，则 $[HCO_3^-] \approx C$，在计算 $[H^+]$ 时，若允许有 5% 的误差，则有以下 2 种情况。

（1）当 $CK_{a2} > 20K_w$（可忽略 K_w）且 $C < 20K_{a1}$ 时，式（2.12a）可进一步简化为

$$[H^+] = \sqrt{\dfrac{K_{a1} K_{a2} C}{K_{a1} + C}} \tag{2.12b}$$

（2）当 $CK_{a2} > 20K_w$ 且 $C > 20K_{a1}$ 时，可认为 $C + K_{a1} \approx C$，于是式（2.12b）又可进一步
简化为

$$[H^+] = \sqrt{K_{a1} K_{a2}} \tag{2.12c}$$

在水溶液中，其他两性物质 $[H^+]$ 的计算方法与上述类似。

【**例 2.5**】 计算 $0.5mol/L$ $NaHCO_3$ 溶液的 pH 值。

解：$NaHCO_3$ 是两性物质，$K_{a1} = 4.2 \times 10^{-7}$，$K_{a2} = 5.6 \times 10^{-11}$

因为 $CK_{a2} = 0.5 \times 5.6 \times 10^{-11} = 2.8 \times 10^{-11} > 20K_w$，$C = 0.5 > 20K_{a1}$，

所以用式（2.12c）计算，即

$$[H^+] = \sqrt{4.2 \times 10^{-7} \times 5.6 \times 10^{-11}} = 4.9 \times 10^{-9} (mol/L)$$

$$pH = 8.31$$

任务 2.2 缓 冲 溶 液

能够抵抗外加少量强酸、强碱或稍加稀释，其自身 pH 值不发生显著变化的性质，称为缓冲作用，具有缓冲作用的溶液称为缓冲溶液。大多数缓冲溶液是用来控制溶液酸度的，而有些缓冲溶液是用来作为测量其他溶液 pH 值的参照标准，这种缓冲溶液称为标准缓冲溶液。

能够组成缓冲溶液的物质有弱酸（或弱碱）及其共轭碱（或共轭酸）。如 HAc - Ac^-、NH_4^+ - NH_3 等，由于这些溶液中既含有能与酸作用的成分，又含有能与碱作用的成分，所以加入少量的酸或碱，溶液的 pH 值都没有显著变化。

由弱酸与其共轭碱组成的缓冲溶液，其 $[H^+]$ 及 pH 值的近似公式为

$$[H^+] = K_a \dfrac{C_{酸}}{C_{共轭碱}} \qquad pH = pK_a + \lg \dfrac{C_{共轭碱}}{C_{酸}} \tag{2.13a}$$

由弱碱与其共轭酸组成的缓冲溶液，其 $[H^+]$ 及 pH 值的近似公式为

$$[H^+] = K_a \dfrac{C_{共轭酸}}{C_{碱}} \qquad pH = pK_a + \lg \dfrac{C_{碱}}{C_{共轭酸}} \tag{2.13b}$$

【**例 2.6**】 计算 $0.2mol/L$ HAc 溶液和 $0.2mol/L$ $NaAc$ 溶液等体积混合后溶液的 pH 值。

解： 已知 $K_a = 1.8 \times 10^{-5}$ 　 $C_{HAc} = C_{NaAc} = 0.2 \times 1/2 = 0.1 (mol/L)$

由式（2.13a）得

$$pH = pK_a + lg \frac{C_{NaAc}}{C_{HAc}} = -lg 1.8 \times 10^{-5} = 4.75$$

在水质分析中，如果对分析体系的 pH 值有一定的要求，可向分析体系中加入缓冲溶液，使其 pH 值保持稳定不变。在选择缓冲溶液时应注意以下几点。

（1）对分析过程没有干扰。

（2）所需控制的 pH 值在缓冲溶液的缓冲范围内。

（3）有足够的缓冲能力。通常 pH 值为 0～2 时，用强酸控制酸度；pH 值为 2～12 时，用弱酸与其共轭碱或弱碱与其共轭酸组成的缓冲溶液控制酸度；pH 值为 12～14 时，用强碱控制酸度。

缓冲溶液的配制方法，可查阅有关书籍，此处不再赘述。

任务 2.3　酸 碱 指 示 剂

2.3.1　酸碱指示剂的作用原理

酸碱指示剂多数是有机弱酸，少数是有机弱碱或两性物质。由于 pH 值的改变，它们在给出或接受质子的同时，其分子结构也发生变化，因而呈现不同的颜色。而且这些结构变化和颜色改变都是可逆的。例如甲基橙，它是一种有机弱碱，常用 NaR 表示，在溶液中存在着下列离解平衡：

$$R^- \underset{-H^+}{\overset{+H^+}{\rightleftharpoons}} HR$$

　（橙黄色）　　　　　（红色）

　　碱式色　　　　　　酸式色

　　└──── 共轭酸碱对 ────┘

当 pH 值改变时，共轭酸碱对相互发生转变，从而引起颜色的变化。在酸性溶液中得到质子，平衡右移，溶液呈红色；在碱性溶液中失去质子，平衡左移，溶液呈橙黄色。

2.3.2　酸碱指示剂的变色范围

以有机弱酸指示剂酚酞为例。用 HIn 表示酚酞分子，In^- 表示其离子，则酚酞在溶液中存在着下列离解平衡：

$$HIn \rightleftharpoons H^+ + In^-$$

$$K_{HIn} = \frac{[H^+][In^-]}{[HIn]} \quad 或 \quad \frac{K_{HIn}}{[H^+]} = \frac{[In^-]}{[HIn]}$$

酸碱指示剂
的变色范围

当 $[H^+] = K_{HIn}$ 时，$[In^-]/[HIn] = 1$，两者浓度相等，溶液表现出酸式色和碱式色的中间颜色，此时 $pH = pK_{HIn}$，称为指示剂的理论变色点。

当 $[In^-]/[HIn] \geqslant 10$，观察到的是 In^- 碱式颜色，此时 $pH \geqslant pK_{HIn} + 1$；当 $[In^-]/[HIn] \leqslant 1/10$ 时，观察到的是 HIn 的酸式颜色，此时 $pH \leqslant pK_{HIn} - 1$。

由上述讨论可知，指示剂的理论变色范围为 $pH = pK_{HIn} \pm 1$，有两个 pH 单位。但实际观察到的大多数指示剂变化范围小于两个 pH 单位，且指示剂的理论变色点不是变色范围的中间点，这是由于人们对不同颜色的敏感程度的差别造成的。在实际应用中，指示剂变色范围越窄越好，这样在计量点时，pH 值稍有改变，指示剂就从一种颜色变成另一种颜色。

一般情况下，当两种型体的浓度之比是 10 倍以上时，我们肉眼才能看到浓度较大的那种型体的颜色，因此影响指示剂实际变色范围除和人们对不同颜色的敏感程度有关之外，还有指示剂的浓度、用量和滴定时的温度有关。指示剂的用量通常是 25mL 溶液中加 0.1％的指示剂两滴即可。

2.3.3 常用酸碱指示剂和混合指示剂

常用酸碱指示剂见表 2.1。

表 2.1 常 用 酸 碱 指 示 剂

指 示 剂	酸式色	碱式色	pK_a	变色范围（pH 值）	用 法
百里酚蓝（第一次变色）	红色	黄色	1.65	1.2～2.8	0.1％的 20％乙醇溶液
甲基黄	红色	黄色	3.25	2.9～4.0	0.1％的 90％乙醇溶液
甲基橙	红色	黄色	3.46	3.1～4.4	0.05％的水溶液
溴酚蓝	黄色	紫色	4.10	3.1～4.6	0.1％的 20％乙醇溶液
溴甲酚绿	黄色	蓝色	4.90	3.8～5.4	0.1％的 20％乙醇溶液
甲基红	红色	黄色	5.00	4.4～6.2	0.1％的 60％乙醇溶液
溴百里酚蓝	黄色	蓝色	7.30	6.0～7.6	0.1％的 20％乙醇溶液
中性红	红色	橙黄色	7.40	6.8～8.0	0.1％的 60％乙醇溶液
酚红	黄色	红色	8.0	6.7～8.4	0.1％的 60％乙醇溶液
百里酚蓝（第二次变色）	黄色	蓝色	9.2	8.0～9.6	0.1％的 20％乙醇溶液
酚酞	无色	红色	9.1	8.0～9.6	0.1％的 90％乙醇溶液
百里酚酞	无色	蓝色	10	9.4～10.6	0.1％的 90％乙醇溶液

这些单一指示剂变色范围较宽，其中有的指示剂变色过程中有过渡色，不易判断颜色变化。为了使指示剂变色敏锐，让分析人员更及时地判断终点，提高分析准确度，可采用混合指示剂，它是人工配制的。常用混合指示剂见表 2.2。

表 2.2 常 用 混 合 指 示 剂

指 示 剂 组 成	变色点（pH 值）	酸式色	碱式色
1 份 0.1％的甲基橙水溶液 1 份 0.25％的靛蓝磺酸钠水溶液	4.1	紫	黄绿
1 份 0.2％的溴甲酚绿乙醇溶液 1 份 0.4％的甲基红乙醇溶液	4.8	紫红	绿
1 份 0.1％的溴甲酚绿钠盐水溶液 1 份 0.1％的氯酚红钠盐水溶液	6.1	黄绿	蓝紫
1 份 0.1％的中性红乙醇溶液 1 份 0.1％的次甲基蓝乙醇溶液	7.0	蓝紫	绿
1 份 0.1％的甲酚红钠盐水溶液 3 份 0.1％的百里酚蓝钠盐水溶液	8.3	黄	紫
1 份 0.1％的百里酚蓝的 50％乙醇溶液 3 份 0.1％的酚酞的 50％乙醇溶液	9.0	黄	紫

任务 2.4　酸碱滴定法的基本原理

酸碱滴定过程中，随着滴定剂不断地加入到被滴定溶液中，溶液的 pH 值不断地变化，根据滴定过程中溶液 pH 值的变化规律，选择合适的指示剂，才能正确地指示滴定终点。下面通过几种类型的酸碱滴定过程的讨论，掌握酸碱滴定法的基本原理。

2.4.1　强碱滴定强酸

这一类滴定的反应实质为

$$H^+ + OH^- \Longrightarrow H_2O$$

现以 0.1000mol/L 的 NaOH 溶液滴定 20.00mL 浓度为 0.1000mol/L 的 HCl 溶液为例，来研究强碱滴定强酸的过程中 pH 值变化的规律。

1. 滴定前

还未加 NaOH，而 HCl 是强电解质，其浓度为 0.1000mol/L，因此

$$[H^+] = 0.1000mol/L \quad pH = 1.0$$

2. 滴定开始至理论终点前

随着 NaOH 不断地滴入，溶液中 HCl 消耗，H^+ 的浓度不断减少，溶液 pH 值取决于剩余 HCl 溶液浓度，其计算公式为

$$[H^+] = 0.1000 \times \frac{V_{HCl(剩余)}}{V_{总}}$$

例如，在加入 NaOH 溶液 19.98mL 时，溶液中 H^+ 的浓度为

$$[H^+] = \frac{0.1000 \times (20.00 - 19.98)}{20.00 + 19.98} = 5.00 \times 10^{-5}(mol/L)$$

$$pH = 4.3$$

3. 计量点时

滴加 20.00mL NaOH 溶液时，HCl 全部被中和，则

$$[H^+] = [OH^-] = 10^{-7}(mol/L)$$

$$pH = 7.0$$

4. 计量点后

继续加 NaOH 溶液，溶液的组成为 NaCl 和 NaOH，溶液的 pH 值取决于过量的 NaOH 溶液，其计算公式为

$$[OH^-] = 0.1000 \times \frac{V_{NaOH(过量)}}{V_{总}}$$

例如，滴加 20.02mL NaOH 溶液时

$$[OH^-] = \frac{0.1000 \times (20.02 - 20.00)}{20.02 + 20.00} = 5.00 \times 10^{-5}(mol/L)$$

$$pOH = 4.3 \quad pH = 9.7$$

其余各点可参照上述方法逐一计算，计算结果见表 2.3。以 NaOH 滴加的体积（单位：mL）为横坐标，对应的 pH 值为纵坐标画图，即得到强碱滴定强酸的滴定曲线，如图 2.3 所示。

表 2.3   用 0.1000mol/L 的 NaOH 滴定 0.1000mol/L HCl 时 pH 值的变化

| 加入的 NaOH | | 剩余的 HCl | | $[H^+]/(mol/L)$ | pH 值 |
a/%	V/mL	a/%	V/mL		
0.00	0.00	100.0	20.00	1.00×10^{-1}	1.00
90.00	18.00	10.0	2.00	5.026×10^{-3}	2.28
99.00	19.80	1.00	0.20	1.00×10^{-4}	4.00
99.90	19.98	0.10	0.02	5.00×10^{-5}	4.30 ⎫
100.0	20.00	0.00	0.00	1.00×10^{-7}	7.00 ⎬ 突跃范围
		过量的 NaOH			
100.1	20.02	0.10	0.02	2.00×10^{-10}	9.70 ⎭
101.0	20.20	1.00	0.20	1.00×10^{-11}	10.00
110.0	22.00	10.0	2.00	2.01×10^{-12}	11.70
200.0	40.00	100.0	20.00	3.00×10^{-13}	12.50

从图 2.3 中可以明显看出以下几点。

（1）从滴定开始到滴加 19.98mL 的 NaOH 溶液，pH 值只改变了 3.3 个单位，在计量点附近（19.98～20.02mL）加入一滴（约 0.04mL）NaOH 溶液，却使 pH 值改变了 5.4 个单位（pH 值由 4.30 变为 9.70），并且溶液性质由酸性变为碱性，这一段曲线几乎是垂线，这种使 pH 值发生突变的情况称为滴定突跃。突跃所对应的 pH 值范围称为滴定突跃范围。此后若再加入 NaOH 溶液，pH 值变化不大，整个滴定过程 pH 值变化为渐变→突变→渐变。

（2）根据滴定突跃范围可以选择合适的指示剂。指示剂最好能在计量点时发生颜色突变，但这在实际上不易做到。选择指示剂原则是，指示剂的变色范围全部或一部分在突跃范围内即可。因此，酚酞、甲基红及甲基橙都可以用来指示 0.1000mol/L 的强碱与强酸滴定。还须注意，pH 值突跃范围与酸碱的浓度有关，浓度越小，突跃范围越小；浓度越大，突跃范围越大，如图 2.4 所示。因此，同种酸碱滴定，若浓度不同，适合的指示剂也可能有所变化。

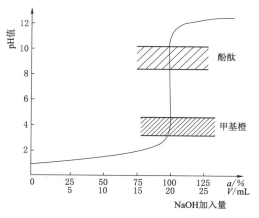

图 2.3   0.1000mol/L 的 NaOH 溶液滴定
0.1000mol/L HCl 溶液的滴定曲线

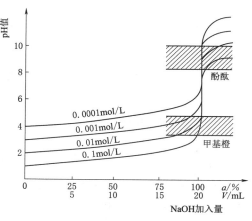

图 2.4   不同浓度的 NaOH 溶液滴定
HCl 溶液的滴定曲线

若用 HCl 滴定 NaOH（条件与前相同），滴定曲线与图 2.3 曲线方向相反，突跃范围是 pH 值从 9.70 变为 4.30。

2.4.2 强碱滴定一元弱酸

现以 0.1000mol/L 的 NaOH 溶液滴定 0.1000mol/L HAc 溶液为例说明此类滴定的情况。

1. 滴定前

滴定前，溶液中的 H^+ 主要来源于 HAc 的电离，按弱酸溶液的 pH 值计算方法有

$$[H^+] = \sqrt{K_a C} = \sqrt{1.76 \times 10^{-5} \times 0.1000} = 1.34 \times 10^{-3} (mol/L)$$

$$pH = -lg[H^+] = -lg(1.34 \times 10^{-3}) = 2.87$$

2. 滴定开始至计量点前

在这一阶段，因 NaOH 溶液的滴入，一部分 HAc 被中和生成 NaAc，于是剩余的 HAc 与生成的 NaAc 组成缓冲溶液，按缓冲溶液计算 pH 值，即

$$pH = pK_a + lg\frac{[Ac^-]}{[HAc]} = pK_a + lg\frac{V_{NaOH}}{V_{HAc} - V_{NaOH}}$$

例如，在滴入 NaOH 溶液 19.0098mL 时，溶液的 pH 值为

$$pH = 4.74 + lg\frac{19.98}{20.00 - 19.98} = 7.74$$

3. 计量点时

滴入 20.00mL NaOH 溶液，和 20.00mL HAc 完全反应生成 Ac^-，此时

$$Ac^- + H_2O \Longrightarrow HAc + OH^-$$

$$[Ac^-] = \frac{0.1000 \times 20.00}{20.00 + 20.00} = 0.05(mol/L)$$

$$[OH^-] = \sqrt{K_b C_{Ac^-}} = \sqrt{\frac{K_w}{K_a} C_{Ac^-}} = \sqrt{\frac{1.0 \times 10^{-14}}{1.8 \times 10^{-5}} \times 0.05} = 5.27 \times 10^{-6}(mol/L)$$

$$pOH = 5.28 \quad pH = 14 - 5.28 = 8.72$$

4. 计量点后

继续滴加 NaOH 溶液，过量的 NaOH 溶液抑制了 Ac^- 的水解，溶液的 pH 值取决于过量的 NaOH，计算方法和强碱滴定强酸相同。例如滴入 NaOH 溶液 20.02mL 时，有

$$[OH^-] = \frac{0.1000 \times (20.02 - 20.00)}{20.02 + 20.00} = 5.00 \times 10^{-5}$$

$$pOH = 4.30 \quad pH = 14 - 4.30 = 9.70$$

其余各点可参照上述方法逐一计算，计算结果列于表 2.4，滴定曲线如图 2.5 所示。

从表 2.4 及图 2.5 可以看出以下几点。

（1）NaOH-HAc 滴定曲线起点的 pH 值比 NaOH-HCl 滴定曲线高约两个 pH 值单位，这是因为 HAc 酸性较 HCl 弱的缘故。

（2）计量点时溶液 pH＝8.72，这是由于反应生成的 NaAc 发生水解反应，溶液呈碱性的缘故。

表 2.4　　用 0.1000mol/L 的 NaOH 滴定 0.1000mol/L HAc 时 pH 值的变化

加入的 NaOH		剩余的 HAc		[H$^+$]/(mol/L)	pH 值
a/%	V/mL	a/%	V/mL		
0.00	0.00	100.0	20.00	1.35×10^{-3}	2.87
50.00	10.00	50.00	10.00	2.00×10^{-5}	4.70
99.00	19.80	1.00	0.20	3.39×10^{-7}	6.74
99.90	19.98	0.10	0.02	1.82×10^{-8}	7.74 ⎫
100.0	20.00	0.00	0.00	1.90×10^{-9}	8.72 ⎬ 突跃范围
		过量的 NaOH			
100.1	20.02	0.10	0.02	2.00×10^{-10}	9.70 ⎭
101.0	20.20	1.00	0.20	2.00×10^{-11}	10.70
110.0	22.00	10.00	2.00	2.00×10^{-12}	11.70
200.0	40.00	100.0	20.00	3.16×10^{-13}	12.50

（3）在计量点附近产生了滴定突跃，只是 NaOH - HAc 突跃范围（pH＝7.74～9.70）比 NaOH－HCl 突跃范围（pH＝4.30～9.70）小得多。这是因为在接近计量点时，溶液中的 HAc 已经很少，而生成的 NaAc 越来越多，大量 NaAc 存在抑制了 HAc 电离，溶液中的 [H$^+$] 下降。又由于 NaAc 的水解反应不断增强，溶液中 [OH$^-$] 也因而增大，所以当滴入 NaOH 到 19.98mL 时，虽然溶液中还剩余 0.02mL HAc，但溶液已呈碱性（pH＝7.74），使滴定突跃部分起点在上一类型的基础上向上移动。

（4）由于突跃范围是 pH＝7.74～9.70，计量点在碱性范围内，即 pH$_{sp}$＞7，故可选用酚酞、酚红、百里酚蓝等作为指示剂。

强碱滴定弱酸时 pH 值突跃的大小，除了与酸碱浓度有关外，还与弱酸的电离常数 K_a 大小有关。从图 2.6 知：曲线Ⅰ是 $K_a = 10^{-5}$ 的 HAc；曲线Ⅱ是比 HAc 更弱的酸，$K_a = 10^{-7}$（酚酞作为指示剂已不合适）；曲线Ⅲ是 $K_a = 10^{-9}$ 的硼酸，已没有明显的突跃部分，因此很难找到合适的指示剂，难以用中和法直接滴定。

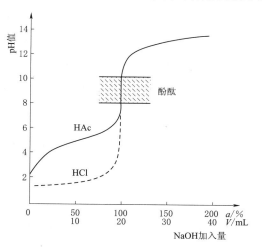

图 2.5　0.1000mol/L 的 NaOH 溶液滴定
0.1000mol/L HAc 溶液的滴定曲线

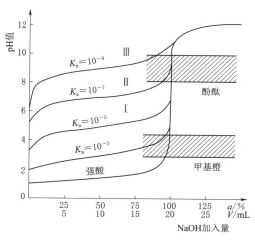

图 2.6　0.1000mol/L 的 NaOH 溶液滴定
不同强度弱酸溶液的滴定曲线

2.4.3　强酸滴定一元弱碱

以 HCl 滴定 $NH_3 \cdot H_2O$ 为例，其滴定反应为

$$H^+ + NH_3 \Longleftrightarrow NH_4^+$$

其滴定曲线如图 2.7 所示（滴定过程的分析计算与强碱滴定弱酸类似）。

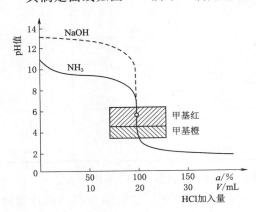

图 2.7　0.1000mol/L 的 HCl 滴定 20.00mL
0.1000mol/LNH₃ 的滴定曲线

从滴定曲线可知：

（1）强酸滴定弱碱与强碱滴定弱酸的滴定曲线相似，但 pH 值的变化方向相反。

（2）强酸滴定弱碱（NH_3）的突跃范围为 pH＝6.3～4.3，理论终点为 pH＝5.3，偏酸性，计量点在酸性范围内，即 $pH_{sp} < 7$，故可选用在酸性范围内变色的指示剂，如甲基红、溴甲酚绿。在滴定剂浓度为 0.1mol/L 的情况下不能采用甲基橙为指示剂，否则终点误差将增大。强酸滴定弱碱时，当碱的浓度一定时，K_b 越大碱性越强，滴定曲线上滴定突跃范围也越大；反之，突跃范围越小，这与强碱滴定弱酸的情况相似。

如果要求滴定误差不大于 0.1%，必须使滴定突跃超过 0.3 个 pH 单位，此时人眼才可以辨别出指示剂颜色的变化，滴定就可以顺利地进行。通常，以 $C_{sp}K_a \geqslant 10^{-8}$ 或 $C_{sp}K_b \geqslant 10^{-8}$（$C_{sp}$ 是一元弱酸或一元弱碱计量点时的浓度）作为强碱滴定弱酸或强酸滴定弱碱能直接目视准确滴定的判据，即酸碱滴定法准确滴定的最低要求，若是不能满足最低要求的弱酸或弱碱，可采用非水滴定法、电位滴定法和利用化学反应强化弱酸或弱碱等方式对弱酸（弱碱）进行加强滴定。

2.4.4　多元酸碱的滴定

因为多元酸碱有分级离解问题，所以应考虑能否直接准确滴定出它们分级给出或接受质子的量，即分级滴定问题，同时还要考能否准确滴定它们给出或接受质子的总量，即滴总量问题。凡是能够直接进行分级滴定或滴总量的，都能用酸碱滴定法进行测定。

2.4.4.1　分级滴定条件

如果要求滴定误差不大于 0.1，终点判断的不确定性为 ± 0.2pH 单位，则直接准确分级滴定多元酸碱的判断依据须同时满足

$$C_{spi}K_{ai} \geqslant 10^{-8}（或 C_{spi}K_{bi}）\geqslant 10^{-8}$$

和

$$\Delta pK_i \geqslant 6 (i = 1, 2, \cdots, n-1) \tag{2.14a}$$

但在实际处理多元酸碱分级滴定时，除规定终点判断的不确定性为 ± 0.2pH 单位外，还允许滴定误差为 $\pm 1\%$。这时直接准确分级滴定多元酸碱的判据须同时满足

$$C_{spi}K_{ai} \geqslant 10^{-10}(\text{或} \ C_{spi}K_{bi}) \geqslant 10^{-10}$$

和 $$\Delta pK_i \geqslant 4(i=1,2,\cdots,n-1) \tag{2.14b}$$

2.4.4.2　滴总量的判断式

在允许的滴定误差为 $\pm1\%$，终点判断的不确定性为 ±0.2pH 单位时，多元酸碱给出或接受质子的总量能否全部滴定，其判断依据为

$$C_{spn}K_{an} \geqslant 10^{-10}(\text{或} \ C_{spn}K_{bn}) \geqslant 10^{-10} \tag{2.15}$$

这实际上是把多元酸碱看成一些浓度相等而强度不同的一元酸碱的混合物。当考虑能否滴总量时，应以强度最弱的酸碱来进行判断。

2.4.4.3　多元酸的滴定

现以 NaOH 溶液滴定 0.1000mol/L 的 H_3PO_4 溶液为例。三元酸 H_3PO_4 的离解平衡如下：

$$H_3PO_4 \Longrightarrow H^+ + H_2PO_4^- \quad K_{a1} = 7.5 \times 10^{-3}$$
$$H_2PO_4^- \Longrightarrow H^+ + HPO_4^{2-} \quad K_{a2} = 6.3 \times 10^{-8}$$
$$HPO_4^{2-} \Longrightarrow H^+ + PO_4^{3-} \quad K_{a3} = 4.4 \times 10^{-13}$$

由直接准确分级滴定多元酸的判据可知，$\Delta pK_i \geqslant 4$ 均可分级滴定。第一个计量点时，H_3PO_4 被滴定到 $H_2PO_4^-$，出现第一个突跃；第二个计量点时，$H_2PO_4^-$ 被滴定到 HPO_4^{2-}，出现第二个突跃；第三个计量点时，因为 HPO_4^{2-} 的 K_{a3} 太小，$CK_{a3} < 10^{-10}$，所以不能直接准确滴定。图 2.8 是用电位滴定法绘制的滴定曲线，与图 2.5 相比，曲线较平坦。

下面讨论计量点时 pH 值和指示剂的选择。

第一个计量点：溶液组成主要为 $H_2PO_4^-$，它是两性物质，用最简式进行计算

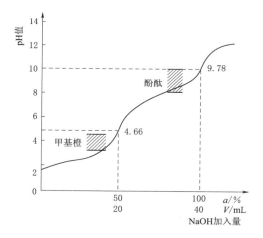

图 2.8　NaOH 溶液滴定 H_3PO_4 溶液的滴定曲线

$$[H^+] = \sqrt{K_{a1}K_{a2}} = \sqrt{7.5 \times 10^{-3} \times 6.310^{-8}} = 2.17 \times 10^{-5}(\text{mol/L})$$

$$pH = 4.66$$

可选择甲基橙作为指示剂，滴定终点时颜色由红色变成黄色。

第二个计量点：主要存在形式是 $HPO_4{}^{2-}$，也是两性物质。

$$[H^+] = \sqrt{K_{a2}K_{a3}} = \sqrt{6.3 \times 10^{-8} \times 4.4 \times 10^{-13}} = 2.2 \times 10^{-10}(\text{mol/L})$$

$$pH = 9.78$$

可选择百里酚酞作为指示剂，滴定终点时颜色由无色变成浅黄色。

第三个计量点：因为 $CK_{a3} < 10^{-10}$，所以不能直接滴定。

2.4.4.4　多元碱的滴定

现以 HCl 溶液滴定 0.1000mol/LNa₂CO₃ 溶液为例。Na₂CO₃ 在水中的离解平衡如下：

$$CO_3^{2-} + H_2O \rightleftharpoons HCO_3^- + OH^- \quad K_{b1} = K_w/K_{a2} = 1.79 \times 10^{-4}$$

$$HCO_3^- + H_2O \rightleftharpoons H_2CO_3 + OH^- \quad K_{b2} = K_w/K_{a1} = 2.38 \times 10^{-8}$$

因为 $K_{b1}/K_{b2} > 10^4$，且 $C_{sp}K_b > 10^{-10}$，可直接准确分级滴定。HCl 溶液滴定 NaCO₃ 溶液的滴定曲线如图 2.9 所示。从图上可看出，用 HCl 溶液滴定 Na₂CO₃ 溶液到达第一个计量点时，生成 NaHCO₃，是两性物质。

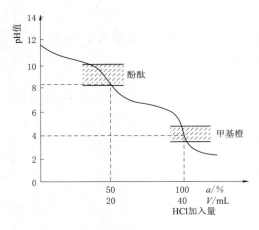

图 2.9　HCl 溶液滴定 NaCO₃
溶液的滴定曲线

第一个计量点：溶液的 pH 值由 $[HCO_3^-]$ 决定，HCO_3^- 是两性物质，可用最简式计算

$$[H^+] = \sqrt{K_{a1}K_{a2}} = \sqrt{4.2 \times 10^{-7} \times 5.6 \times 10^{-11}}$$
$$= 4.85 \times 10^{-9} (mol/L)$$
$$pH = 8.31$$

可选用酚酞作为指示剂。

第二个计量点：产物为 $H_2CO_3 (CO_2 + H_2O)$，其饱和溶液的浓度约为 0.04mol/L。

$$[H^+] = \sqrt{CK_a} = \sqrt{0.04 \times 4.2 \times 10^{-7}} = 1.3 \times 10^{-4} (mol/L)$$
$$pH = 3.89$$

可选择甲基橙作指示剂。

但是，在滴定中以甲基橙作为指示剂时，因过多产生 CO₂，可能会使滴定终点过早出现，因此快到第二个计量点时应剧烈摇动试管，必要时可加热煮沸溶液以除去 CO₂，冷却后再继续滴定至终点，以提高分析的准确度。

任务 2.5　酸碱滴定法在水质分析中的应用

在水质分析中，常用酸碱滴定法来测定水中碱度和酸度。碱度和酸度的测定在研究水体的缓冲容量及评价水环境中污染物质的迁移转化规律等方面有重要的实际意义。

2.5.1　水中碱度及其测定

水中的碱度指水中所含能接受质子的物质的总量，即水中所有能与强酸定量作用的物质的总量。碱度的测定在水处理工程实践中，如饮用水、锅炉用水、农田灌溉用水和其他用水中，应用非常普遍。碱度也常作为混凝效果、水质稳定和管道腐蚀控制的依据以及废水好氧厌氧处理设备良好运行的条件等。

2.5.1.1　碱度的组成

水中碱度主要有重碳酸盐（HCO_3^-）碱度、碳酸盐（CO_3^{2-}）碱度和氢氧化物

（OH⁻）碱度。此外还包括磷酸盐、硅酸盐、硼酸盐等，但它们在天然水中的含量往往不多，常忽略不计。由于氢氧化物和重碳酸盐不能共存（因为 $HCO_3^- + OH^- \rightleftharpoons CO_3^{2-} + H_2O$），所以，水中可能存在的碱度组成有以下 5 类：①OH⁻ 碱度；②OH⁻ 和 CO₃²⁻ 碱度；③CO₃²⁻ 碱度；④CO₃²⁻ 和 HCO₃⁻ 碱度；⑤HCO₃⁻ 碱度。

2.5.1.2 碱度的测定

用酸碱滴定法测定水中碱度，是以酚酞和甲基橙作指示剂，用 HCl 或 H_2SO_4 标准溶液滴定水样中碱度至终点，根据所消耗酸标准溶液的量，计算水样中的碱度。

由于天然水中的碱度主要有氢氧化物（OH⁻）、碳酸盐（CO₃²⁻）和重碳酸盐（HCO₃⁻）三种碱度来源，因此，用酸标准溶液滴定时的主要反应有：

氢氧化物碱度 $\qquad OH^- + H^+ \rightleftharpoons H_2O$

碳酸盐碱度 $\quad CO_3^{2-} + H^+ \rightleftharpoons HCO_3^- \quad HCO_3^- + H^+ \rightleftharpoons CO_2\uparrow + H_2O$

总反应方程式 $\qquad CO_3^{2-} + 2H^+ \rightleftharpoons CO_2\uparrow + H_2O$

重碳酸盐碱度 $\qquad HCO_3^- + H^+ \rightleftharpoons CO_2\uparrow + H_2O$

CO₃²⁻ 与 H⁺ 的反应分两步进行，第一步反应完成时，pH 值在 8.3 附近，此时恰好酚酞变色，所有酸的量又恰好是为完全滴定 CO₃²⁻ 所需总量的一半。

当水样首先加酚酞为指示剂，用酸标准溶液滴定至终点时，溶液由桃红色变为无色，pH 值在 8.3 附近，所消耗的酸标准溶液的量用 P（mL）表示。此时水样中的酸碱反应包括以下两部分：

$$OH^- + H^+ \rightleftharpoons H_2O \ 和 \ CO_3^{2-} + H^+ \rightleftharpoons HCO_3^-$$

也就是说，这两部分含有 OH⁻ 碱度和 $\frac{1}{2}$CO₃²⁻ 碱度，即

$$P = OH^- + \frac{1}{2}CO_3^{2-}$$

以酚酞为指示剂，滴定的碱度为酚酞碱度。

上述水样在用酚酞为指示剂滴定到终点之后，再以甲基橙为指示剂，用酸标准溶液滴定至终点。此时溶液由桔黄色变成桔红色，pH 值在 4.4 附近，所用酸标准溶液的量用 M（mL）表示。此时水样中的酸碱反应：

$$HCO_3^- + H^+ \rightleftharpoons CO_2\uparrow + H_2O$$

这里的 HCO₃⁻ 包括水样中原来的 HCO₃⁻ 和另一半 CO₃²⁻ 与 H⁺ 反应生成的 HCO₃⁻，即

$$M = \frac{1}{2}CO_3^{2-} + HCO_3^-（水样中原有的）$$

因此，总碱度等于酚酞碱度 $P+M$。

显然，根据上述两个终点到达时所消耗的酸标准溶液的量，可以计算出水中 OH⁻、CO₃²⁻ 和 HCO₃⁻ 碱度及水中总碱度。

如果水样直接以甲基橙为指示剂，用酸标准溶液滴定至终点时（pH≈4.4），所消耗酸标准溶液的量用 T 表示，此时水中碱度为甲基橙碱度，又称总碱度，它包括水样中的 OH⁻、CO₃²⁻ 和 HCO₃⁻ 碱度的全部总和（特别注意：T 和 M 意义不同）。

用酸碱滴定法测定水中碱度通常有两种方法：连续滴定法和分别滴定法。

1. 连续滴定法

取一定体积水样，首先以酚酞为指示剂，用酸标准溶液滴定至终点后，接着以甲基橙为指示剂，再用酸标准溶液滴定至终点，根据前后两个滴定终点消耗的酸标准溶液的量来判断水样中 OH^-、CO_3^{2-} 和 HCO_3^- 碱度组成和计算含量的方法为连续滴定法。令以酚酞为指示剂滴定到终点，消耗酸标准溶液的量为 P（mL）；以甲基橙为指示剂滴定到终点，消耗酸标准溶液的量为 M（mL）。

（1）水样中只有 OH^- 碱度：$P>0$，$M=0$。P 包括 $OH^- + \frac{1}{2}CO_3^{2-}$，因为 $M=0$（说明无 CO_3^{2-} 和 HCO_3^-），所以 $OH^-=P$，总碱度 $T=P$。

（2）水样中有 OH^- 和 CO_3^{2-} 碱度：$P>M$。P 包括 OH^- 和 $\frac{1}{2}CO_3^{2-}$ 碱度，M 为另一半 CO_3^{2-} 碱度，所以 $OH^-=P-M$，$CO_3^{2-}=2M$，$T=P+M$。

（3）水样中只有 CO_3^{2-} 碱度：$P=M$。P 为 $\frac{1}{2}CO_3^{2-}$ 碱度，M 为另一半 CO_3^{2-} 碱度，所以 $CO_3^{2-}=2P=2M$，$T=2P=2M$。

（4）水样中有 CO_3^{2-} 和 HCO_3^- 碱度：$P<M$。P 为 $\frac{1}{2}CO_3^{2-}$ 碱度，M 为另一半 CO_3^{2-} 和原有的 HCO_3^- 碱度，所以 $CO_3^{2-}=2P$，$HCO_3^-=M-P$，$T=P+M$。

（5）水样中只有 HCO_3^- 碱度：$P=0$，$M>0$。$P=0$ 说明水样中无 OH^- 和 CO_3^{2-} 碱度，只有 HCO_3^- 碱度，所以 $HCO_3^-=M$，$T=M$。

2. 分别滴定法

分别取两份体积相同的水样，其中一份水样用百里酚蓝-甲酚红混合指示剂，以 HCl 标准溶液滴定至终点时，溶液由紫色变为黄色，变色点 pH＝8.3，消耗 HCl 标准溶液的量为 $V_{pH8.3}$（mL）；它包括：

$$V_{pH8.3}=OH^- + \frac{1}{2}CO_3^{2-}$$

另一份水样以溴甲酚绿-甲基红为指示剂，用 HCl 标准溶液滴定至终点时，溶液由绿色转变为浅灰紫色，变色点 pH＝4.8，消耗 HCl 标准溶液的量为 $V_{pH4.8}$（mL）。它包括：

$$V_{pH4.8}=OH^- + \frac{1}{2}CO_3^{2-} + \frac{1}{2}CO_3^{2-} + HCO_3^- \quad （水样中原有的）$$

根据两份水样的两个滴定终点所用酸标准溶液的量 $V_{pH8.3}$ 与 $V_{pH4.8}$ 来判断水中 OH^-、CO_3^{2-} 和 HCO_3^- 碱度组成和计算含量的方法为分别滴定法。

（1）水样中只有 OH^- 碱度：$V_{pH8.3}=V_{pH4.8}$。$OH^-=V_{pH8.3}=V_{pH4.8}$

（2）水样中有 OH^- 和 CO_3^{2-} 碱度：$V_{pH8.3}>\frac{1}{2}V_{pH4.8}$，$V_{pH8.3}=OH^- + \frac{1}{2}CO_3^{2-}$，$V_{pH4.8}=OH^- + CO_3^{2-}$。$OH^-=2V_{pH8.3}-V_{pH4.8}$，$CO_3^{2-}=2(V_{pH4.8}-V_{pH8.3})$

（3）水样中只有 CO_3^{2-} 碱度：$V_{pH8.3} = \frac{1}{2}V_{pH4.8}$，$V_{pH8.3} = \frac{1}{2}CO_3^{2-}$，$V_{pH4.8} = CO_3^{2-}$。

$CO_3^{2-} = 2V_{pH8.3} = V_{pH4.8}$

（4）水样中有 CO_3^{2-} 和 HCO_3^- 碱度：$V_{pH8.3} < \frac{1}{2}V_{pH4.8}$，$V_{pH8.3} = \frac{1}{2}CO_3^{2-}$，$V_{pH4.8} = CO_3^{2-} + HCO_3^-$。$CO_3^{2-} = 2V_{pH8.3}$，$HCO_3^- = V_{pH4.8} - 2V_{pH8.3}$

（5）水样只有 HCO_3^-：$V_{pH8.3} = 0$，$V_{pH4.8} > 0$。$HCO_3^- = V_{pH4.8}$

2.5.1.3 碱度单位及其表示方法

（1）碱度以 CaO（mg/L）和 $CaCO_3$（mg/L）计。

$$总碱度（以 CaO 计，mg/L）= \frac{c(P+M)28.04}{V} \times 1000$$

$$总碱度（以 CaCO_3 计，mg/L）= \frac{c(P+M)50.05}{V} \times 1000$$

式中　c——HCl 标准溶液浓度，mol/L；

28.04——氧化钙摩尔质量（$1/2$CaO），g/mol；

50.05——碳酸钙摩尔质量（$1/2$CaCO$_3$），g/mol；

V——水样体积，mL；

P——酚酞为指示剂滴定至终点时消耗 HCl 标准溶液的量，mL；

M——甲基橙为指示剂滴定至终点时消耗 HCl 标准溶液的量，mL。

（2）碱度以 mol/L 表示。

（3）碱度以 mg/L 表示。

因为物质的量浓度与基本单元的选择有关，所以在碱度测定中，表示碱度时应表明基本单元。例如以 mol/L 表示碱度，应注 OH^- 碱度（OH^-，mol/L）、CO_3^{2-} 碱度（$1/2CO_3^{2-}$，mol/L）、HCO_3^- 碱度（HCO_3^-，mol/L）。如果以 mg/L 表示时，在碱度计算中，由于采用 HCl（HCl，mol/L）标准溶液滴定，所以各具体物质采用的摩尔质量为：OH^- 是 17g/mol，$1/2CO_3^{2-}$ 是 30g/mol，HCO_3^- 是 61g/mol。

碱度单位也有用"度"表示的。详见硬度的单位。

【例 2.7】 取水样 100.0mL，用 0.1000mol/L HCl 溶液滴定至酚酞无色时，用去 10.0mL；接着加入甲基橙指示剂，继续用 HCl 标准溶液滴定到橙红色出现，又用去 2.00mL。问：（1）水样中有何碱度，其含量各为多少（分别以 CaO、$CaCO_3$ 计，mg/L）和（mol/L，mg/L 表示）？（2）总碱度为多少（以 $CaCO_3$ 计，mg/L）。

解：　（1）∵$P = 10.00$mL，$M = 2.00$mL，$P > M$（$P - M = 8.00$mL，$2M = 4.00$mL）

∴水中有 OH^- 和 CO_3^{2-} 碱度，$OH^- = P - M$，$CO_3^{2-} = 2M$

$$OH^- 碱度（以 CaO 计，mg/L）= \frac{c(P-M)}{100} \times 28.04 \times 1000$$

$$= \frac{0.1000 \times 8.00}{100} \times 28.04 \times 1000 = 224.32（mg/L）$$

$$OH^- \text{ 碱度（以 } CaCO_3 \text{ 计，mg/L）} = \frac{c(P-M)}{100} \times 50.05 \times 1000 = 400.40(\text{mg/L})$$

$$OH^- \text{ 碱度（} OH^-\text{，mol/L）} = \frac{c(P-M)}{100} = 0.008(\text{mol/L})$$

$$OH^- \text{ 碱度（} OH^-\text{，mg/L）} = \frac{c(P-M)}{100} \times 17 \times 1000 = 136(\text{mg/L})$$

$$CO_3^{2-} \text{ 碱度（以 } CaO \text{ 计，mg/L）} = \frac{c \times 2M}{100} \times 28.04 \times 1000$$
$$= \frac{0.1000 \times 4.00}{100} \times 28.04 \times 1000 = 112.16 (\text{mg/L})$$

$$CO_3^{2-} \text{ 碱度（以 } CaCO_3 \text{ 计，mg/L）} = \frac{c \times 2M}{100} \times 50.05 \times 1000 = 200.2(\text{mg/L})$$

$$CO_3^{2-} \text{ 碱度（以 } 1/2 CO_3^{2-} \text{ 计，mol/L）} = \frac{c \times 2M}{100} = 0.004(\text{mol/L})$$

$$CO_3^{2-} \text{ 碱度（以 } CO_3^{2-} \text{ 计，mg/L）} = \frac{c \times 2M}{100} \times 30 \times 1000 = 120(\text{mg/L})$$

（2）总碱度（以 $CaCO_3$ 计，mg/L）$= \dfrac{c(P+M)50.05}{V} \times 1000$
$$= \frac{0.1000 \times (10.00 + 2.00) \times 50.05}{100} \times 1000$$
$$= 600.6(\text{mg/L})$$

【例 2.8】 取水样 100mL，用 0.1000mol/LHCl 溶液滴定至百里酚蓝-甲酚红混合指示剂（即 pH 8.3 指示剂）由紫红色变为黄色，用去 1.10mL；取同样水样 100mL，用同样浓度 HCl 溶液滴定至溴甲酚绿-甲基红混合指示剂（即 pH4.8 指示剂）由绿色变为浅灰色，用去 2.50mL。问该水样中有何种碱度？其含量为多少（用 mg/L 表示）？

解：$V_{pH8.3} = 1.10\text{mL}$，$V_{pH4.8} = 2.50\text{mL}$，$V_{pH8.3} < 1/2V_{pH4.8}$

所以水样中有 CO_3^{2-} 和 HCO_3^- 碱度。

$CO_3^{2-} = 2V_{pH8.3} = 2.20\text{mL}$，$HCO_3^- = V_{pH4.8} - 2V_{pH8.3} = 0.30\text{mL}$

$$CO_3^{2-} \text{ 碱度（} CO_3^{2-} \text{ 计，mg/L）} = \frac{c \times 2V_{pH8.3}}{100} \times 30 \times 1000 = \frac{0.1000 \times 2.20}{100} \times 30 \times 1000$$
$$= 66.00(\text{mg/L})$$

$$HCO_3^- \text{ 碱度（以 } HCO_3^- \text{ 计，mg/L）} = \frac{c(V_{pH4.8} - 2V_{pH8.3})}{100} \times 61 \times 1000$$
$$= \frac{0.1000 \times 0.30}{100} \times 61 \times 1000$$
$$= 18.30(\text{mg/L})$$

2.5.2　水中酸度及其测定

水中的酸度是指水中所含能够给出质子的物质的总量，即水中所有能与强碱定量作用的物质总量。水中酸度的测定对于工业用水、农用灌溉用水、饮用水以及了解酸

碱滴定过程中 CO_2 的影响都有实际意义。

2.5.2.1 酸度的组成

天然水中的 CO_2 是酸度基本组成成分。一般溶于水中的 CO_2 与 H_2O 作用形成 H_2CO_3，这种呈气体状态的 CO_2 与少量的碳酸的总和叫作游离二氧化碳。

若天然水中含有大量的游离二氧化碳，则碳酸盐将会溶解，产生重碳酸盐（HCO_3^-），这部分能与碳酸盐起反应的 CO_2 称为侵蚀性二氧化碳。侵蚀性二氧化碳对水工建筑物具有侵蚀破坏作用，当侵蚀性二氧化碳与氧共存时，对金属（铁）具有强烈的侵蚀作用。

游离性二氧化碳和侵蚀性二氧化碳是天然水酸度的重要来源。除此之外，还有采矿、选矿、化学制品制造、电池制造、人造及天然纤维制造以及发酵处理等许多工业废水中常含有某些重金属盐类（尤其是 Fe^{3+}、Al^{3+} 等盐）或一些酸性废液（如 HCl、H_2SO_4 等），也是水中酸度的来源。

水中的 CO_2 于饮用无害，但含 CO_2 过多的水会对混凝土和金属有侵蚀作用，如果水中还有强酸、强酸弱碱盐，不仅会污染河流，伤害水中生物，如作为用水还会腐蚀管道，而且使水的利用价值受到了限制。

2.5.2.2 酸度的测定

用酸碱滴定法测定水中酸度是以碱标准溶液（如 $NaOH$ 或 Na_2CO_3 标准溶液）作为滴定剂，滴定水中的 H^+ 离子，以甲基橙为指示剂，滴定至终点时溶液由橙红色变桔黄色，$pH=3.7$；如以酚酞为指示剂，滴定至终点时，溶液由无色至刚好变为浅红色，$pH=8.3$；由碱标准溶液所消耗的量，求得酸度。

如果以甲基橙为指示剂，用 $NaOH$ 标准溶液滴定至终点 $pH=3.7$ 的酸度，称为甲基橙酸度，代表一些较强的酸，适用于废水和严重污染水的酸度测定。

如果以酚酞为指示剂，用 $NaOH$ 标准溶液滴定至终点 $pH=8.3$ 的酸度称为酚酞酸度，又叫总酸度，它包括水样中的强酸和弱酸之和。主要适用于未受工业废水污染或轻度污染水的酸度测定。

酸度的单位及计算方法与碱度类似。

1. 游离二氧化碳的测定

游离二氧化碳（$CO_2+H_2CO_3$）能和 $NaOH$ 反应：

$$CO_2+NaOH \longrightarrow NaHCO_3$$
$$H_2CO_3+NaOH \longrightarrow NaHCO_3+H_2O$$

当反应达到计量点时，溶液的 pH 约为 8.3，故选用酚酞为指示剂。根据 $NaOH$ 标准溶液的用量求出游离二氧化碳含量，即

$$游离二氧化碳(CO_2,mg/L)=\frac{V \times C_{NaOH} \times 44 \times 1000}{V_{水}} \qquad (2.16)$$

式中 V——$NaOH$ 标准溶液的消耗量，mL；

    C_{NaOH}——$NaOH$ 标准溶液的浓度，mol/L；

    44——二氧化碳的摩尔质量，CO_2，g/mol；

    $V_{水}$——水样的量，mL。

2. 水中侵蚀性二氧化碳测定

取水样（不加 $CaCO_3$ 粉末），以甲基橙为指示剂，用 HCl 标准溶液滴定至终点。同时另取水样加入 $CaCO_3$ 粉末放置 5 天，待水样中侵蚀性二氧化碳与 $CaCO_3$ 反应完全之后，以甲基橙为指示剂，用 HCl 标准溶液滴定至终点，主要反应为

$$CaCO_3 + CO_2 + H_2O \rightarrow Ca(HCO_3)_2$$

$$Ca(HCO_3)_2 + 2HCl \rightarrow CaCl_2 + H_2CO_3$$

根据水样中加入 $CaCO_3$ 与未加 $CaCO_3$ 用 HCl 标准溶液滴定时消耗的量之差，求出水中侵蚀性二氧化碳的含量，即

$$侵蚀性二氧化碳(CO_2, mg/L) = \frac{(V_2 - V_1) \times C_{HCl} \times 22 \times 1000}{V_水} \quad (2.17)$$

式中　V_1——5 天后（加 $CaCO_3$ 粉末）滴定时消耗 HCl 标准溶液的量，mL；

　　　V_2——当天（未加 $CaCO_3$ 粉末）滴定时消耗 HCl 标准溶液的量，mL；

　　　C_{HCl}——HCl 标准溶液的浓度，mol/L；

　　　22——侵蚀性二氧化碳摩尔质量，$1/2CO_2$，g/mol；

　　　$V_水$——水样的体积，mL。

如果测定结果 $V_2 \leqslant V_1$，则说明水中不含侵蚀性二氧化碳。

酸度、碱度和 pH 值都是水的酸碱性质的指标，它们即互相联系，又有一定差别。水的酸度或碱度是表示水中酸碱物质的含量，而水的 pH 值表示水中酸或碱的强度，即水的酸碱性强弱，例如，0.10mol/L HCl 和 0.10mol/L HAc 的酸度都是 100mmol/L，但它们的 pH 值却不相同，HCl 为强酸，几乎 100% 离解，其 pH = 1.0；而 HAc 为弱酸，在水中离解度只有 1.3%，其 pH = 2.9。

应该指出，多数天然水的 pH 值在 4.4～8.3 范围内时，其水中的酸度和碱度同时存在，这是因为

$$H_2CO_3 \Longleftrightarrow H^+ + HCO_3^-$$

平衡时就既有 CO_2 酸度，又有 HCO_3^- 碱度。因此，同一个水样既可测其酸度，又可测其碱度。

思 考 题 与 习 题

1. 同样浓度的强酸和弱酸，为什么其溶液的 pH 值不同？举例说明其 pH 值计算方法。

2. 举例说明水的酸度、碱度和 pH 值有什么联系和区别？

3. 水中碱度主要有哪些？在水处理过程中，碱度的测定有何意义？

4. 如何选择酸碱指示剂？

5. 游离二氧化碳和侵蚀性二氧化碳有何不同，测定它有何意义？

6. 用强碱滴定强酸时，为什么不用甲基橙作指示剂？可选用哪些指示剂？

7. 已知下列各物质的 K_a 或 K_b，比较它们的相对强弱，计算它们的 K_b 或 K_a，并写出它们的酸（或共轭碱）的化学式。

项目 2 答案

NH_4^+ （$K_a = 5.6 \times 10^{-10}$）　　　　NH_2OH （$K_b = 9.1 \times 10^{-9}$）

Ac^- （$K_b = 5.9 \times 10^{-10}$）　　　　HCN （$K_a = 4.9 \times 10^{-10}$）

8. 计算 0.10mol/L HF 溶液的 pH 值。

9. 计算 0.10mol/L NH_3 溶液的 pH 值。

10. 若某一弱碱型指示剂的离解常数为 $K_{HIn} = 6.0 \times 10^{-10}$，问该指示剂的理论变色范围应为多少？

11. 若某一弱酸型指示剂在 pH = 3.5 的溶液中呈现蓝色，在 pH = 5.5 的溶液中呈现黄色，计算该指示剂的离解常数 K_{HIn} 为多少？

12. 下列物质可否在水溶液中直接滴定。

（1）0.10mol/L HAc　　　　　（2）0.10mol/L C_6H_5OH

（3）0.10mol/L CH_3NH_2　　　（4）0.10mol/L H_3BO_3

13. 取水样 100.0mL，用 0.1000mol/L HCl 溶液滴定至酚酞终点，消耗 13.00mL；再加甲基橙指示剂，继续用 HCl 溶液滴定至红色出现；消耗 20.00mL，问水样中有何种碱度？其含量为多少（用 mg/L 表示）？

14. 取某生活污水水样 100.0mL，以酚酞为指示剂，用 0.0100mol/L HCl 溶液滴定至指示剂刚好褪色，用去 25.00mL，再加甲基橙指示剂时不需滴入 HCl 溶液，就已经呈现终点颜色，问水样中有何种碱度？其含量为多少？（分别以 CaO mg/L、$CaCO_3$ mg/L、mol/L 和 mg/L 表示）

15. 取水样 100.0mL，首先加酚酞指示剂，用 0.1000mol/L HCl 溶液滴定至终点，消耗 9.00mL；接着加甲基橙指示剂，继续用 HCl 溶液滴定至终点，又消耗了 9.00mL。问该水样有何种碱度，其含量为多少（用 mg/L 表示）？

16. 取某自来水水样 100.0mL，加酚酞指示剂时，未滴入 HCl 溶液，溶液已呈现终点颜色，接着以甲基橙指示剂，用 0.0500mol/L HCl 溶液滴定至刚好红色，用去 12.80mL，问该水样中有何种碱度，其含量为多少（mg/L 表示）？

17. 取某工业废水样 10.00mL2 份，用 0.1000mol/L HCl 溶液滴定，其中一份以百里酚蓝-甲酚红混合指示剂（即 pH 8.3 指示剂）滴定至黄色时，用去 14.30mL；而用溴甲酚绿-甲基红混合指示剂（即 pH4.8 指示剂）滴定至刚好浅灰色时，用去 25.50mL，问该水样中有何种碱度？其含量为多少（mg/L 表示）？

18. 某水样中可能含有 OH^-、HCO_3^-、CO_3^{2-}，或是混合水样，现用 30.00mL 0.1000mol/L HCl 溶液，以酚酞为指示剂可滴定至终点。问：

（1）若水样含有 OH^- 和 CO_3^{2-} 的物质的量相同，再以甲基橙为指示剂，还需要加多少毫升 HCl 溶液才可滴定至红色终点？

（2）若水样含有 CO_3^{2-} 和 HCO_3^- 的物质的量相同，接着以甲基橙为指示剂，还需要滴入多少毫升 HCl 溶液才可达到红色终点？

（3）若加入甲基橙指示剂，不需滴入 HCl 溶液就呈现终点颜色，该水样中含何种物质？

19. 用虹吸法吸收某河水水样 100mL 注入 250mL 的锥形瓶中，加酚酞指示剂后，问：

（1）若不出现红色，则迅速用 0.0100mol/L NaOH 溶液滴定至红色，用去 1.60mL，问该水样中游离二氧化碳的含量是多少（用 mg/L 表示）？

（2）若出现红色，说明什么问题？

20. 用虹吸法吸收某湖水水样 100mL，立即以甲基橙为指示剂，用 0.1000mol/L HCl 溶液滴定至溶液由黄色变为淡红色，消耗 1.20mL；同时另取一水样 500mL，立即加入 CaCO₃ 粉末，放置 5 天，过滤后取滤液 100mL，加甲基橙指示剂，用同浓度 HCl 溶液滴定至终点，消耗 3.15mL。求该水样中的侵蚀性二氧化碳含量为多少（用 mg/L 表示）？

配 位 滴 定 法

【学习目标】
　　了解配合物及 EDTA，掌握稳定常数和不稳定常数的关系及其计算方法，掌握酸效应及其对配合物的影响，掌握提高测定选择性的常用方法和 EDTA 滴定的基本原理，掌握配位滴定法及金属指示剂的作用原理，掌握硬度的测定及其计算方法。

【具体内容】
　　配合物的基本概念，配合物在水溶液中的离解平衡及稳定常数，配位滴定法的原理，提高测定选择性的常用方法，酸效应系数、酸效应曲线和不稳定常数，配位滴定方式，金属指示剂，水的硬度及其测定。

　　配位滴定法是利用形成配位化合物（配合物）的反应来进行滴定分析的方法。在水质分析中常用于测定水的硬度以及 Ca^{2+}、Mg^{2+}、Fe^{3+}、Al^{3+} 等金属离子，还可以间接测定 SO_4^{2-}、PO_4^{3-} 等阴离子。配位滴定法除了必须满足一般滴定分析的基本要求外，还要满足以下几点。

　　（1）使配位滴定中生成的配合物是可溶性稳定的配位化合物。

　　（2）在一定条件下，反应只形成一种配位数的配合物，即配位数必须固定。

任务 3.1　配 位 化 合 物

3.1.1　配位化合物的基本概念

　　配位化合物是以具有接受电子对的离子或原子（统称中心离子或中心原子）为中心，与一组可以给出电子对的离子或分子（统称配体），以一定的空间排列在中心原子周围所组成的质点（配离子或配分子）为特征的化合物。大多数配合物由配离子与带有相反电荷的离子组成。以 $[Cu(NH_3)_4]SO_4$ 为例，其组成如图 3.1 所示。中心离子 Cu^{2+} 与配体 NH_3 之间以配位键相结合。配体中提供孤电子对的原子（如 NH_3 中的 N）称配位原子。常见的配位原子是电负性较大的非金属的

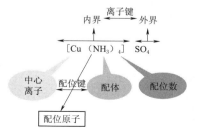

图 3.1　$[Cu(NH_3)_4]SO_4$ 组成图

原子 N、O、C、S、F、Cl、Br、I 等。

只含有一个配位原子的配体称为单齿配体。如 NH_3、H_2O、CN^-、F^-、Cl^- 等；

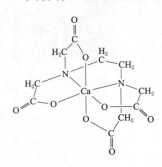

图 3.2 EDTA 与 Ca^{2+} 螯合物分子结构示意图

含有两个或两个以上配位原子的配体称多齿配体。如乙二胺 $H_2N-CH_2-CH_2-NH_2$（简写为 en）、二亚乙基三胺 $H_2NCH_2CH_2NHCH_2CH_2NH_2$（简写为 EDA）和乙二胺四乙酸（可用符号 Y^{4-} 表示）。这种由中心原子与多齿配体形成的环状配合物称为螯合物。能与中心原子形成螯合物的多齿配体称为螯合剂。乙二胺四乙酸（ED-TA）与金属 Ca^{2+} 形成螯合物的分子结构见图 3.2。由于生成螯合物而使配合物稳定性大大增加的作用称为螯合效应。许多生物配体含有多个配位原子，例如叶绿素和血红素分别是 Fe^{2+} 和 Mg^{2+} 的螯合物。此外，由于螯合物的特殊稳定性，它们在水环境化学分析中也具有广泛用途。

3.1.2 配合物的离解平衡和稳定常数

配合物生成反应的平衡常数，称为配合物的稳定常数。以配位化合物 $[Cu(NH_3)_4]^{2+}$ 为例，它在水溶液中存在着下列平衡：

$$Cu^{2+} + 4NH_3 \rightleftharpoons [Cu(NH_3)_4]^{2+}$$

平衡常数 K_S 称为配合物的稳定常数 $K_稳$，即

$$K_稳 = \frac{[Cu(NH_3)_4]^{2+}}{[Cu^{2+}][NH_3]^4} \tag{3.1}$$

配离子的稳定常数愈大，配离子在水溶液中愈不容易离解。当配离子在水溶液中离解达到平衡时，离解平衡常数称为配合物的不稳定常数，用 $K_{不稳}$ 表示，所以

$$K_稳 = \frac{1}{K_{不稳}} \quad \lg K_稳 = pK_{不稳} \tag{3.2}$$

同类配合物，若 $K_稳$ 越大，则配离子越稳定；反之则越不稳定。

3.1.3 EDTA 及其配合物

EDTA 空间结构图

在配位反应中提供配位原子的物质叫配位体或配合剂。目前，使用最多结合稳定的配合剂是氨羧类配合剂（属有机配合剂）。在水质分析中，应用最广的氨羧类配合剂是乙二胺四乙酸（或乙二胺四乙酸二钠盐），习惯上称为 EDTA。其结构示意图为

$$
\begin{array}{c}
HOOC-CH_2 \qquad\qquad\qquad CH_2-COOH \\
\diagdown\qquad\qquad\qquad\diagup \\
N-CH_2-CH_2-N \\
\diagup\qquad\qquad\qquad\diagdown \\
HOOC-CH_2 \qquad\qquad\qquad CH_2-COOH
\end{array}
$$

3.1.3.1 EDTA 的性质

EDTA 的性质

EDTA 是一个四元酸，常用 H_4Y 表示（Y 表示其酸根）。在水溶液中，它具有双偶极离子结构：

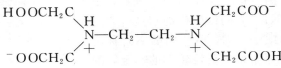

其中，羧酸上的两个 H^+ 容易释出，与氮原子结合的两个 H^+ 不易释出。此外，两个羧根还可以接受 H^+，在溶液酸度较大时，形成 H_6Y^{2+}，相当于一个六元酸。它们存在着下列一系列的酸碱平衡：

$$H_6Y^{2+} \underset{+H^+}{\overset{-H^+}{\rightleftharpoons}} H_5Y^+ \underset{+H^+}{\overset{-H^+}{\rightleftharpoons}} H_4Y \underset{+H^+}{\overset{-H^+}{\rightleftharpoons}} H_3Y^- \underset{+H^+}{\overset{-H^+}{\rightleftharpoons}} H_2Y^{2-} \underset{+H^+}{\overset{-H^+}{\rightleftharpoons}} HY^{3-} \underset{+H^+}{\overset{-H^+}{\rightleftharpoons}} Y^{4-}$$

$$（3.3）$$

从式（3.3）可以看出，在水溶液中 EDTA 以 7 种形式存在，其中只有 Y^{4-} 离子能与金属离子形成稳定的螯合物。各种形体的分布系数与溶液的 pH 值的关系如图 3.3 所示。

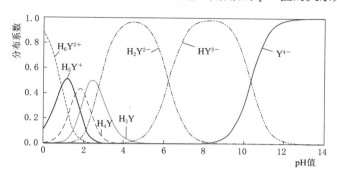

图 3.3　EDTA 各种存在形式的分布图

由图 3.3 可知，EDTA 只在 pH≥12 时才几乎完全以 Y^{4-} 形式存在。

3.1.3.2　EDTA 与金属离子的配合反应

金属离子与 EDTA 的配合反应，略去电荷，可简写为

$$M + Y \rightleftharpoons MY$$

则稳定常数 $K_稳$ 为

$$K_{稳(MY)} = \frac{[MY]}{[M][Y]}$$

$$（3.4）$$

$K_稳$ 越大，表示生成的配合物越稳定。一些常见金属离子与 EDTA 形成的配合物的稳定常数见表 3.1。

表 3.1　一些常见金属离子与 EDTA 形成的配合物的稳定常数
（溶液离子强度 $I=0.1$，温度 20℃）

M^{n+}	$\lg K_f^\theta$	M^{n+}	$\lg K_f^\theta$	M^{n+}	$\lg K_f^\theta$
Na^+	1.66	Ce^{3+}	15.98	Cu^{2+}	18.80
Li^+	2.79	Al^{3+}	16.10	Hg^{2+}	21.80
Ba^{2+}	2.76	Co^{2+}	16.31	Cr^{3+}	23.00
Sr^{2+}	8.63	Cd^{2+}	16.46	Th^{4+}	23.20
Mg^{2+}	8.69	Zn^{2+}	16.50	Fe^{3+}	25.10
Ca^{2+}	10.69	Pb^{2+}	18.04	V^{3+}	25.90
Mn^{2+}	14.04	Y^{3+}	18.09	Bi^{3+}	27.94
Fe^{2+}	14.33	Ni^{2+}	18.67		

EDTA 与金属离子形成的配合物具有下列特点：形成的螯合物十分稳定；不论金属原子的价数多少，它们与 EDTA 总是以 1∶1 的比例螯合，即 M＋Y＝MY（略去电荷）；形成的螯合物易溶于水。因此 EDTA 滴定是应用最为广泛的配位滴定。

任务 3.2　影响配位滴定的因素及消除干扰的方法

在配位滴定过程中，常遇到比较复杂的配位平衡体系。在一定条件和一定的反应组分比时，配位平衡不仅要受到温度和溶液离子强度的影响，而且还受到与某些离子和分子存在的影响。这些离子和分子往往以参与或引发副反应而干扰正常的滴定。引发副反应的物质有 H^+、OH^- 和其他金属离子 M^{n+} 等，以下主要介绍 pH 值的影响。

3.2.1　酸效应及其对金属离子配合物的影响

3.2.1.1　EDTA 的酸效应

EDTA 的酸效应及酸效应系数

在高酸度条件下，EDTA 相当于六元弱酸，用 H_6Y^{2+} 表示，在溶液中存在有 6 级离解平衡和 7 种存在形式。

由式（3.3）平衡过程可知，酸度越高（pH 值越小），［Y］越低，促使 MY 离解，从而降低 MY 的稳定性。这种由于 H^+ 的存在，使配位体 Y 参加配位反应能力降低的现象叫酸效应。

酸效应的大小用酸效应系数来衡量，酸效应系数定义为：在一定 pH 值溶液中，未参加配位反应时，EDTA 的各种存在形式的总浓度 $［Y］_总$ 与能参加配位反应的 Y^{4-} 的平衡浓度 $［Y^{4-}］$ 的比值，用 $\alpha_{Y(H)}$ 表示。$\alpha_{Y(H)}$ 的数值越大，表示酸效应引起的副反应越严重。

$$\alpha_{Y(H)} = \frac{［Y］_总}{［Y^{4-}］} \tag{3.5}$$

酸效应系数 $\alpha_{Y(H)}$ 仅是 $［H^+］$ 的函数，其数值随溶液的 pH 值增大而减小，这是因为 pH 值增大，$［Y^{4-}］$ 增多。不同 pH 值时 EDTA 的 $\lg\alpha_{Y(H)}$ 值见表 3.2。

表 3.2　　　　　　　　　不同 pH 值时 EDTA 的 $\lg\alpha_{Y(H)}$ 值

pH	$\lg\alpha_{Y(H)}$	pH	$\lg\alpha_{Y(H)}$	pH	$\lg\alpha_{Y(H)}$
0.0	23.64	3.4	9.70	6.8	3.55
0.4	21.32	3.8	8.85	7.0	3.32
0.8	19.08	4.0	8.44	7.5	2.78
1.0	18.01	4.4	7.64	8.0	2.27
1.4	16.02	4.8	6.84	8.5	1.77
1.8	14.27	5.0	6.45	9.0	1.28
2.0	13.51	5.4	5.69	9.5	0.83
2.4	12.19	5.8	4.98	10.0	0.45
2.8	11.09	6.0	4.65	11.0	0.07
3.0	10.60	6.4	4.06	12.0	0.01

3.2.1.2　EDYA 酸效应对金属离子配合物的影响

由于酸效应的影响，EDTA 与金属离子形成配合物的稳定常数不能反映不同 pH 值条件下的实际情况，因而需要引入条件稳定常数，用 $K'_\text{稳}$ 表示。

金属离子与 EDTA 的主体反应是

$$M^{n+} + Y^{4-} \Longrightarrow MY^{n-4} \quad K_\text{稳} = \frac{[MY^{n-4}]}{[M^{n+}][Y^{4-}]}$$

将 $\alpha_\text{Y(H)} = [Y]_\text{总}/[Y^{4-}]$ 代入可得

$$K_\text{稳} = \frac{[MY^{n-4}]\alpha_\text{Y(H)}}{[M^{n+}][Y]_\text{总}}$$

定义：$K'_\text{稳} = \dfrac{K_\text{稳}}{\alpha_\text{Y(H)}}$ 　　　则　$K'_\text{稳} = \dfrac{[MY^{n-4}]}{[M^{n+}][Y]_\text{总}}$ 　　　　(3.6)

条件稳定常数 $K'_\text{稳}$ 是用酸效应系数校正后的实际稳定常数，它受 $\alpha_\text{Y(H)}$ 的影响，因而也受 pH 值的影响。pH 值越大，$\alpha_\text{Y(H)}$ 越小，条件稳定常数 $K'_\text{稳}$ 越大，形成的配合物越稳定，对配位滴定越有利。

3.2.1.3　判断配位反应完全程度

若允许滴定误差为 ±0.1%，则有

$$\lg(C_\text{M·sp} K'_\text{MY}) \geqslant 6 \tag{3.7}$$

式中　$C_\text{M·sp}$——计量点时金属离子的浓度。

通常将式（3.7）作为能否用配位滴定法测定单一金属离子的条件。

将式（3.6）两边取对数，则有

$$\lg K'_\text{稳} = \lg K_\text{稳} - \lg \alpha_\text{Y(H)} \tag{3.8}$$

若金属离子的浓度 $C_\text{M·sp}$ 为 0.01mol/L，则由式（3.7）及式（3.8）得到

$$\lg K'_\text{稳} = \lg K_\text{稳} - \lg \alpha_\text{Y(H)} \geqslant 8 \quad \text{或} \quad \lg \alpha_\text{Y(H)} \leqslant \lg K_\text{稳} - 8 \tag{3.9}$$

可见，当配合物的 $\lg K'_\text{稳} \geqslant 8$ 时，配位反应才能定量完全进行。

应该说明，上述判断依据不是绝对的，使用时要注意条件。

【例 3.1】　当 pH=5 或 pH=10 时，判断用 EDTA 标准溶液滴定水样中 Mg^{2+} 的反应是否完全？

解： 查表知：$\lg K_\text{MgY}=8.69$；pH=5，$\lg \alpha_\text{Y(H)}=6.45$；pH=10，$\lg \alpha_\text{Y(H)}=0.45$，用式（3.9）进行判断：

pH=5 时，$\lg K'_\text{稳}=8.69-6.45=2.24<8$，不能完全反应。

pH=10 时，$\lg K'_\text{稳}=8.69-0.45=8.24>8$，能完全反应。

3.2.2　酸效应曲线

由式（3.9）知，当 $\lg \alpha_\text{Y(H)} = \lg K_\text{MY} - 8$ 时，即最大 $\lg \alpha_\text{Y(H)}$ 值对应的 pH 值就是直接准确滴定的最小 pH 值。以一些金属离子的 $\lg K_\text{MY}$ 或 $\lg \alpha_\text{Y(H)}$ 为横坐标，对应的最小 pH 值为纵坐标，绘制成曲线，就是 EDTA 的酸效应曲线，如图 3.4 所示。

利用 EDTA 的酸效应曲线可以完成以下几个工作。

（1）查出某种金属离子在配位滴定中允许的最小 pH 值。例如，由图 3.4 查得 Fe^{3+} 的 pH=1，Fe^{2+} 的 pH=5，Zn^{2+} 的 pH=4。小于这个 pH 值，配位反应就不能

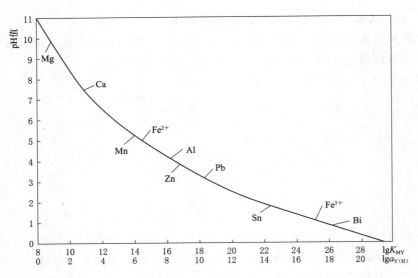

图 3.4　EDTA 的酸效应曲线（金属离子浓度：0.01mol/L）

完全进行。

（2）查出干扰离子。例如，在 pH≥10 时，可滴定 Mg^{2+}，若 pH<10，则 Ca^{2+}、Mn^{2+}、Fe^{2+} 等会产生干扰。

（3）控制溶液不同 pH 值，实现连续滴定或分别滴定。如水样中 Fe^{3+}、Al^{3+} 时，可利用酸效应曲线估算出对应的最小 pH 值，可进行连续滴定。

首先在 pH＝2～2.5 时，用 EDTA 标准溶液滴定 Fe^{3+}，求出 Fe^{3+} 的含量。Al^{3+} 不干扰测定。然后，在 pH＝4.5 时，用 EDTA 标准溶液滴定 Al^{3+}，再求 Al^{3+} 的含量。

应该指出，在实际应用中，控制溶液的 pH 范围要比滴定金属离子允许的最小 pH 范围大一些，因为 EDTA 是一种有机弱酸，在水溶液中或多或小地离解产生一定量的 H^+，降低了溶液的 pH 值，所以控制的 pH 值稍高一些，可抵消这种影响。

3.2.3　提高测定选择性的常用方法

实际水样中往往存在多种离子，可否在滴定一种离子后，继续滴定另一种离子呢？通常采用以下几种方法来实现。

3.2.3.1　控制溶液的酸度

前面我们讨论了通过控制溶液不同 pH 值，实现连续滴定或分别滴定。但不是任意两种离子都可以通过采用控制酸度的方法进行分步滴定，需要知道通过控制溶液酸度的方法实现共存离子的分步测定所需要具备的条件。

在满足式（3.7）$\lg(C_{M\cdot sp}K'_{MY}) \geqslant 6$ 的同时，对有干扰离子存在的配位滴定，若允许滴定误差为 ±0.5%，还须满足：

$$\left(\Delta\lg K + \lg \frac{C_M}{C_N} \right) \geqslant 5 \tag{3.10}$$

其中

$$\Delta\lg K = \lg K_{MY} - \lg K_{NY} = \lg \frac{K_{MY}}{K_{NY}}$$

式中　$\lg K_{MY}$ 和 $\lg K_{NY}$——M 和 N 与 Y 的配合物稳定常数；

$$\lg \frac{C_M}{C_N}$$——被滴定水样中 M 和 N 的总浓度比值。

若 $C_M = C_N$，一般取 $\Delta \lg K = 5$ 作为是否能进行分别滴定的判断标准。

通过控制 pH 值，先在较小 pH 值下滴定 MY 稳定性较大的 M 离子，再在较大 pH 值下滴定稳定常数小的 N 离子。因此，只要适当控制 pH 值便可消除干扰，实现分别滴定或连续滴定。

【例 3.2】 判断水样中有浓度均为 $0.01 \, \text{mol/L}$ 的 Al^{3+} 和 Fe^{3+} 两种离子时，可否连续滴定？

解： 因为 $C_{Fe^{3+}} = C_{Al^{3+}} = 0.01 \, \text{mol/L}$，所以用式（3.10）判断，即

$$\Delta \lg K = \lg \frac{K_{FeY}}{K_{AlY}} \approx 9 > 5，可连续滴定。$$

3.2.3.2　利用掩蔽法对共存离子进行分别测定

在配位滴定中，如果利用控制 pH 值的办法尚不能消除干扰离子时，常利用加入掩蔽剂掩蔽干扰离子的办法来抑制干扰离子与 EDTA 配合。常用的掩蔽法有配位掩蔽法、沉淀掩蔽法和氧化还原掩蔽法，其中以配位掩蔽法最为常用。配位掩蔽法就是通过加入一种能与干扰离子生成更稳定配合物的试剂。例：测定钙、镁离子时，铁、铝离子产生干扰，可采用加入三乙醇胺（能与铁、铝离子生成更稳定的配合物）来掩蔽干扰离子。

利用氧化还原掩蔽法，如测定 Zn^{2+} 时 Fe^{3+} 有干扰，加入盐酸羟胺等还原剂使 Fe^{3+} 还原生成 Fe^{2+}，达到消除干扰的目的。

利用沉淀掩蔽法，如为消除 Mg^{2+} 对 Ca^{2+} 测定的干扰，利用 pH$\geqslant$12 时，Mg^{2+} 与 OH^- 生成 $Mg(OH)_2$ 沉淀，可消除 Mg^{2+} 对 Ca^{2+} 测定的干扰。

3.2.3.3　利用掩蔽解蔽法测定混合离子

在掩蔽一些离子进行滴定后，采用适当的方法解除掩蔽的过程，称作解蔽。

例如：Zn^{2+} 和 Pb^{2+} 两种离子共存时进行分别滴定，用氨水调节试液 pH 值，在 pH=10 时，滴加 KCN，使 Zn^{2+} 形成 $[Zn(CN)_4]^{2-}$ 而掩蔽，用 EDTA 标准溶液滴定 Pb^{2+} 后，加入甲醛或三氯乙醛解蔽，破坏 $[Zn(CN)_4]^{2-}$，释放出 Zn^{2+}，再用 EDTA 标准溶液滴定即可。

任务 3.3　配位滴定基本原理

3.3.1　配位滴定曲线

和酸碱滴定情况类似，配位滴定时，在金属离子的溶液中，随着配位滴定剂的加入，金属离子不断发生配位反应，浓度逐渐减小。在化学计量点附近，溶液中金属离子浓度发生突跃。图 3.5 是 EDTA 滴定 Ca^{2+} 的滴定曲线。因为 Ca^{2+} 既不易水解，也不和其他配位剂反应，只要考虑到 EDTA 的酸效应，利用式（3.5）就能算出不同阶段溶液中被滴定的 Ca^{2+} 的浓度，其计算思路类似于酸碱滴定，这里不再赘说。

3.3.2　影响滴定突跃的主要因素

影响配位滴定突跃大小的因素

影响配位滴定突跃的主要因素是配合物的条件稳定常数和被滴定金属离子的浓度。

第一，$\lg K'_{MY}$ 越大，滴定突跃越大。由图 3.5 可见，$\lg K'_{MY}$ 逐渐增大时，滴定曲线的后端逐渐抬高，滴定曲线的突跃范围变宽，这是因为 pH 值越大，$\lg K'_{MY}$ 越大，配合物越稳定，滴定曲线的突跃范围越宽。

第二，被滴定金属离子的浓度 C_M 越大，滴定突跃越大，如图 3.6 所示。

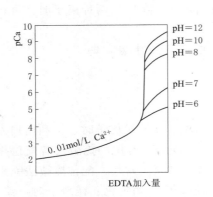

图 3.5　0.01mol/LEDTA 滴定
0.01mol/L Ca^{2+} 的滴定曲线

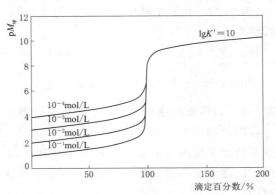

图 3.6　EDTA 滴定不同
浓度金属离子的滴定曲线

3.3.3　计量点时 pM_{sp} 的计算

为了选择适当的金属指示剂，我们常常要计算 pM_{sp} 的值。计量点时，其计算通式为

$$[M]_{sp} = \sqrt{\frac{C_{M \cdot sp}}{K'_{MY}}}, \quad pM_{sp} = \frac{1}{2}(pC_{M \cdot sp} + \lg K'_{MY}) \tag{3.11}$$

式中　M_{sp}——计量点时溶液中金属离子 M 的平衡浓度；

　　　$C_{M \cdot sp}$——计量点时溶液中金属离子 M 的分析浓度，即各种型体的总浓度。计量点时 $[M]_{sp}$ 很小，所以

$$C_{M \cdot sp} = [MY]_{sp} + [M]_{sp} \approx \frac{1}{2} C_M$$

　　　K'_{MY}——条件稳定常数。

任务 3.4　金属指示剂

3.4.1　金属指示剂的作用原理

金属指示剂是一些有机配合剂（In），它与被滴定金属离子（M）反应生成一种与指示剂 In 本身颜色不同的配合物，从而指示出滴定过程中金属离子浓度的变化。

滴定前呈（MIn＋M）色，滴定开始到计量点前呈（MIn＋MY）色，计量点时，由于 MY 的稳定性大于 MIn，则：MIn＋Y ⇌ MY＋In，即呈现（MY＋In）色，所

以，溶液颜色由（MIn＋MY）色 $\longrightarrow$（MY＋In）色，表示到达滴定终点。

例如：金属指示剂铬黑 T（EBT），在滴定前向含有 Mg^{2+} 的溶液（pH＝9～10）中加入铬黑 T 后溶液呈酒红色；化学反应如下：

$$铬黑\ T(蓝色)＋Mg^{2+} \Longleftrightarrow Mg—铬黑\ T(酒红色)$$

滴定终点时，滴定剂 EDTA 夺取 Mg—铬黑 T 中的 Mg^{2+}，使铬黑 T 游离出来，溶液呈蓝色。化学反应如下：

$$Mg—铬黑\ T(酒红色)＋EDTA \Longleftrightarrow Mg—EDTA＋铬黑\ T(蓝色)$$

金属指示剂本身是弱酸或弱碱，受溶液 pH 值影响，使用时应注意其适用的 pH 值范围，如铬黑 T 为三元弱酸，在不同 pH 时的颜色变化为：

H_2In^-	HIn^{2-}	In^{3-}
pH＜6	pH＝8～11	pH＞12
红色	蓝色	橙色

只有在 pH＝8～11 时滴定，终点颜色变化才显著。

3.4.2　金属指示剂应具备的条件

（1）在滴定的 pH 值范围内，游离指示剂与其金属配合物 MIn 之间应有明显的颜色差别。

（2）指示剂与金属离子生成的配合物 MIn 应有适当的稳定性，一般要求：$K_{MIn} < K_{MY}$ 且至少相差二个数量级，但要适当。若 K_{MIn} 太小，则未到终点时金属配合物 MIn 就游离出来使终点提前。若 K_{MIn} 太大，则使终点拖后或得不到终点，这种现象称为指示剂的封闭现象。

（3）指示剂与金属离子反应迅速且可逆。

（4）指示剂与金属离子生成的配合物 MIn 应易溶于水。若形成的金属配合物 MIn 是胶体或沉淀，则滴定时与 EDTA 的置换作用缓慢，而使终点延长，这种现象称为指示剂的僵化现象。

3.4.3　常见金属指示剂

常见的金属指示剂有二甲酚橙、钙指示剂、PAN 指示剂、铬黑 T 等，其性质特征、适用对象和使用的 pH 值范围等见表 3.3。

表 3.3　　　　　　　　　　　　常 用 的 金 属 指 示 剂

指示剂	使用的 pH 值范围	颜色变化 In	颜色变化 MIn	直接滴定的离子	指示剂配制	注意事项
铬黑 T（BT 或 EBT）	8～10	蓝	红	pH＝10，Mg^{2+}、Zn^{2+}、Cd^{2+}、Pb^{2+}、Mn^{2+}，稀土金属离子	1：100 NaCl（固体）	Fe^{3+}、Al^{3+}、Cu^{2+}、Ni^{2+} 等离子封闭 EBT
酸性铬蓝 K	8～13	蓝	红	pH＝10，Mg^{2+}、Zn^{2+}、Mn^{2+}；pH＝13，Ca^{2+}	1：100 NaCl（固体）	
二甲酚橙（XO）	＜6	亮黄	红	pH＜1，ZrO^{2+}；pH＝1～3.5，Bi^{3+}、Th^{4+}；pH＝5～6，Ti^{3+}、Zn^{2+}、Pb^{2+}、Cd^{2+}、Hg^{2+}，稀土金属离子	0.5％水溶液	Fe^{3+}、Al^{3+}、Ni^{2+}、Ti^{4+} 等离子封闭 XO

续表

指示剂	使用的 pH 值范围	颜色变化		直接滴定的离子	指示剂配制	注意事项
		In	MIn			
磺基水杨酸 (SSal)	1.5～2.5	无色	紫红	pH=1.5～2.5，Fe^{3+}	5％水溶液	SSal 本身无色，FeY^- 呈黄色
钙指示剂 (NN)	12～13	蓝	红	pH=12～13，Ca^{2+}	1：100 NaCl （固体）	Ti^{4+}、Fe^{3+}、Al^{3+}、Cu^{2+}、Ni^{2+}、Co^{2+}、Mn^{2+} 等离子封闭 NN
PAN	2～12	黄	紫红	pH=2～3，Th^{4+}、Bi^{3+}；pH=3.5，Cu^{2+}、Ni^{2+}、Pb^{2+}、Cd^{2+}、Zn^{2+}、Mn^{2+}、Fe^{2+}	0.1％乙醇溶液	MIn 在水中溶解度小，为防止 PAN 僵化，滴定时需加热

任务 3.5　配位滴定方式及其应用

3.5.1　配位滴定方式

在配位滴定中，采用不同的滴定方式不但可以扩大配位滴定的应用范围，同时也可以提高配位滴定的选择性。常用的方式有以下四种。

3.5.1.1　直接滴定法

这是配位滴定中最基本的方法。这种方法是将被测物质处理成溶液后，调节酸度，加入指示剂（有时还需要加入适当的辅助配合剂及掩蔽剂），直接用 EDTA 标准溶液进行滴定，然后根据消耗的 EDTA 标准溶液的体积，计算试样中被测组分的含量。

采用直接滴定法，必须符合以下几个条件。

（1）被测组分与 EDTA 的配位速度快，且满足 $\lg(C_{M \cdot sp} K'_{MY}) \geqslant 6$ 的要求。

（2）在选用的滴定条件下，必须有变色敏锐的指示剂，共存离子不与指示剂产生"封闭"作用。

（3）在选用的滴定条件下，被测组分不发生水解和沉淀反应，必要时可加辅助配合剂来防止这些反应。

直接滴定法可用于：在 pH=2～3 时滴定 Fe^{3+}、Bi^{3+}、Hg^{2+} 等；在 pH=5～6 时滴定 Zn^{2+}、Pb^{2+}、Cd^{2+}、Cu^{2+} 等；在 pH=10 时，滴定 Mg^{2+}、Co^{2+}、Ni^{2+}、Zn^{2+} 等；在 pH=12 时，滴定 Ca^{2+} 等。

3.5.1.2　返滴定法

返滴定法，就是将被测物质制成溶液，调好酸度，加入过量的 EDTA 标准溶液（总量 $C_1 V_1$），再用另一种标准金属离子溶液，返滴定过量的 EDTA（$C_2 V_2$），算出两者的差值，即是与被测离子结合的 EDTA 的量，由此就可以算出被测物质的含量。

例如，测定水样中 Ba^{2+} 时，由于没有符合要求的指示剂，可加入过量的 EDTA 标准溶液，使 Ba^{2+} 与 EDTA 完全反应生成配合物 BaY 之后，再加入铬黑 T 作指示剂，用 Mg^{2+} 标准溶液返滴定剩余的 EDTA 至溶液由蓝色变为红色，指示终点达到。

同样由两种标准溶液的浓度和用量求得水中 Ba^{2+} 的含量。

这种滴定方法，适用于无适当指示剂或与 EDTA 不能迅速配合的金属离子的测定。

3.5.1.3 置换滴定法

利用置换反应，从配位化合物中置换出等化学计量的另一种金属离子（或 ED-TA）再用 EDTA（或另一种金属离子）与置换出的金属离子（或 EDTA）进行滴定反应，根据消耗的 EDTA（或另一种金属离子）的量求出被测金属离子 M 的量的方法，就是置换滴定法。置换滴定法不仅能扩大配位滴定的应用范围，同时还可以提高络合滴定的选择性。

（1）置换出金属离子。如被测定的离子 M 与 EDTA 反应不完全或所形成的配合物不稳定，而金属离子 N 与 EDTA 符合滴定的条件，这时可让 M 置换出另一种配合物 NL 中等物质的量的 N，然后用 EDTA 溶液滴定金属离子 N，从而可求得 M 的含量。

例如，Ag^+ 与 EDTA 形成的配合物不够稳定（$lgK_{AgY}=7.32$），不能用 EDTA 直接滴定。若在含 Ag^+ 的试样中加入过量的 $Ni(CN)_4^{2-}$，反应定量置换出 Ni^{2+}，在 pH=10 的氨性缓冲溶液中，以紫脲酸铵为指示剂，用 EDTA 标准溶液滴定置换出来的 Ni^{2+}，即可求出 Ag^+ 的含量。其反应式为

$$2Ag^+ + Ni(CN)_4^{2+} = 2Ag(CN)_2^- + Ni^{2+}$$

（2）置换出 EDTA。用一种选择性高的配合剂 L 将被测金属离子 M 与 EDTA 形成的配合物（MY）中的 EDTA 置换出来，置换出与被测金属离子 M 等化学计量的 EDTA，然后用另一种金属离子 N 标准溶液滴定释放出的 EDTA，从而求得 M 的含量。

3.5.1.4 间接滴定法

由于有些金属离子（如 Li^+、Na^+、K^+、Rb^+、Cs^+、W^{6+}、Ta^{5+} 等）和一些非金属离子（如 SO_4^{2-}、PO_4^{3-} 等）不能和 EDTA 配合或与 EDTA 生成的配合物不稳定，不便于配位滴定，这时可采用间接滴定的方法进行测定。

例如 PO_4^{3-} 的测定，在一定条件下，可将 PO_4^{3-} 沉淀为 $MgNH_4PO_4$，然后过滤，将沉淀溶解。调节溶液至 pH=10，用铬黑 T 作指示剂，以 EDTA 标准溶液来滴定沉淀中的 Mg^{2+}，由 Mg^{2+} 的含量间接计算出磷的含量。

3.5.2 EDTA 标准溶液配制

EDTA 因常吸附 0.3% 的水分且其中含有少量杂质，而不能直接配制标准溶液，需先配制成大致浓度的溶液，然后标定。

配制 10.0mmol/L EDTA 标准溶液的近似浓度：将 $EDTANa_2 \cdot 2H_2O3.725g$ 溶于水后，在 1000mL 容量瓶中稀释至刻度，存放在聚乙烯瓶中。

标定：基准物质可用 Zn（锌粒纯度 99.9%）、$ZnSO_4$、$CaCO_3$ 等，指示剂可用铬黑 T（EBT），pH=10.0，终点时溶液由红色变为蓝色，以 $NH_3 - NH_4Cl$ 为缓冲溶液；或用二甲酚橙（XO），pH=5~6，终点时溶液由紫红色变为亮黄色，以六次甲基四胺为缓冲溶液。

例如：准确吸取 25.0mL 10.0mmol/L Zn^{2+} 标准溶液，用蒸馏水稀释到 50mL，加入几滴氨水，使溶液 pH=10.0，再加入 5mL NH$_3$-NH$_4$Cl 缓冲溶液，以 EBT 为指示剂，用近似浓度 EDTA 标准溶液滴定至终点，消耗 EDTA 标准溶液 V$_{EDTA}$(mL)。

则

$$C_{EDTA} = \frac{C_{Zn^{2+}} V_{Zn^{2+}}}{V_{EDTA}} \tag{3.12}$$

式中　C_{EDTA}——EDTA 标准溶液的浓度，mmol/L；

　　　$C_{Zn^{2+}}$——Zn^{2+} 标准溶液的浓度，mmol/L；

　　　$V_{Zn^{2+}}$——移取的 Zn^{2+} 标准溶液的体积；

　　　V_{EDTA}——消耗近似浓度的 EDTA 溶液的体积，mL。

3.5.3　配位滴定法在水质分析中的应用

3.5.3.1　水的硬度

水的硬度指水中 Ca^{2+}、Mg^{2+} 浓度的总量，是水质的重要指标之一。

1. 水的硬度分类

水的硬度按阴离子组成分为以下两类。

（1）碳酸盐硬度。碳酸盐硬度包括重碳酸盐〔如 Ca(HCO$_3$)$_2$、Mg(HCO$_3$)$_2$〕和碳酸盐（如 CaCO$_3$）的总量，一般加热煮沸可以除去，因此称为暂时硬度。当然，由于生成的 CaCO$_3$ 等沉淀在水中还有一定的溶解度（100℃时为 13mg/L），所以碳酸盐硬度并不能由加热煮沸完全除尽。

（2）非碳酸盐硬度。非碳酸盐硬度主要包括 CaSO$_4$、MgSO$_4$、CaCl$_2$、MgCl$_2$ 等的总量，经加热煮沸除不去，故称为永久硬度。永久硬度只能用蒸馏或化学净化等方法处理，才能使其软化。

总硬度包括碳酸盐硬度和非碳酸盐硬度的总和。

2. 硬度的单位

（1）mmol/L：这是现在硬度的通用单位。

（2）mg/L（以 CaCO$_3$ 计），因为 1mol CaCO$_3$ 的量为 100.1g，所以 1mmol/L=100.1mg/L（以 CaCO$_3$ 计）。例如，我国的饮用水中规定总硬度不超过 450mg/L（以 CaCO$_3$ 计）。

（3）德国度（简称度）：国内外应用较多的硬度单位。

1 德国度相当于每升水中 10 mg CaO 所引起的硬度，即为 1 度。

1 度=10mg/L（以 CaO 计）

1mmol/L(CaO)=56.1÷10=5.61 度

1 度=100.1÷5.61=17.8mg/L（以 CaCO$_3$ 计）

此外，还有法国度、英国度和美国度（均以 CaCO$_3$ 计）。

3.5.3.2　水的硬度测定

在水质分析中，用配位滴定法测定 Ca^{2+}、Mg^{2+} 总量最为简便。测定的方法是在 pH=10.0 的 NH$_3$-NH$_4$Cl 缓冲溶液中，以铬黑 T 为指示剂，用 EDTA 标准溶液滴定。其主要反应为加指示剂：$\left.\begin{array}{c}Ca^{2+}\\Mg^{2+}\end{array}\right\}+HIn^{2-}\Longleftrightarrow\left.\begin{array}{c}CaIn^-\\MgIn^-\end{array}\right\}+H^+$

EDTA 滴定：$H_2Y^{2-}+\left.\begin{array}{c}Ca^{2+}\\Mg^{2+}\end{array}\right\}\Longleftrightarrow\left.\begin{array}{c}CaY^{2-}\\MgY^{2-}\end{array}\right\}+2H^+$

滴定终点时：$H_2Y^{2-}+\left.\begin{array}{c}CaIn^-\\MgIn^-\end{array}\right\}\Longleftrightarrow\left.\begin{array}{c}CaY^{2-}\\MgY^{2-}\end{array}\right\}+HIn^{2-}+H^+$

红色   蓝色

指示剂与 Ca^{2+}、Mg^{2+} 形成配位化学物的 $\lg K_{CaIn}$、$\lg K_{MgIn}$ 分为 5.4、7.0，而 EDTA 与 Ca^{2+} 和 Mg^{2+} 形成的配位化合物 $\lg K_{CaIn}$、$\lg K_{MgIn}$ 分别为 10.69 和 8.69，更为稳定，所以，滴定前水样中的钙离子和镁离子与加入的铬黑 T 指示剂络合，溶液呈现红色，随着 EDTA 的滴入，配位化合物中的 Ca^{2+}、Mg^{2+} 金属离子逐渐被 EDTA 夺去，释放出指示剂，使溶液颜色逐渐变蓝，至纯蓝色为终点。根据 EDTA 标准溶液浓度和用量求得 Ca^{2+}、Mg^{2+} 总量或总硬度。为了分别测定水中 Ca^{2+} 和 Mg^{2+} 的含量，首先将水样用 NaOH 溶液调节成 pH＞12，此时 Mg^{2+} 以 $Mg(OH)_2$ 沉淀形式被掩蔽，加入钙指示剂，用 EDTA 标准溶液滴定 Ca^{2+}，终点时溶液由红色变为蓝色，根据 EDTA 标准溶液浓度和用量求出 Ca^{2+} 的含量。然后由 Ca^{2+}、Mg^{2+} 总量与 Ca^{2+} 的含量之差求出 Mg^{2+} 的含量。

$$总硬度（mmol/L）=\frac{C_{EDTA}V_{EDTA}}{V_{水}} \tag{3.13}$$

$$Ca^{2+}（mg/L）=\frac{C_{EDTA}V_{EDTA}M_{Ca}}{V_{水}} \tag{3.14}$$

式中　C_{EDTA}——EDTA 标准溶液的浓度，mmol/L；

　　　　V_{EDTA}——消耗 EDTA 标准溶液的体积，mL；

　　　　$V_{水}$——水样的体积，mL；

　　　　M_{Ca}——钙的摩尔质量，Ca，40.08g/mol。

思 考 题 与 习 题

1. 配合物的稳定常数和条件稳定常数有何不同？两者之间有何关系？

2. 什么叫酸效应？酸效应系数与介质的 pH 值有什么关系？酸效应系数的大小说明了什么问题？

3. 配位滴定时为什么要控制 pH 值？怎样控制 pH 值？如何确定准确配位滴定某金属离子的 pH 值范围？

4. 配位滴定中怎样消除其他离子的干扰而准确滴定？

5. 酸效应曲线图有哪些用途？

6. 什么叫金属指示剂？金属指示剂应具备哪些条件？

7. 水的硬度是指什么？怎样测定水的总硬度？

8. 用 EDTA 标准溶液滴定水样中的 Ca^{2+} 和 Mg^{2+} 时的最小 pH 值是多少？实际

项目 3 答案

分析中 pH 值应如何控制?

9. 水样中含有 Mg^{2+} 和 Zn^{2+} 两种离子,欲测定 Zn^{2+} 应如何控制 pH 值?

10. 在 pH＝10 时,用 10.0mmol/L EDTA 溶液滴定 10.0mL 10.0mmol/L Mg^{2+} 溶液,计算计量点时 Mg^{2+} 的浓度(mol/L)和 pMg 值。

11. 取水样 100mL,调节 pH＝10,以 EBT 为指示剂,用 10.0mmol/L EDTA 溶液滴定到终点,消耗 22.00mL,求水样中的总硬度(以 mmol/L、$CaCO_3$ mg/L 和德国度表示)?

12. 取一份水样 100mL,调节 pH＝10,以 EBT 为指示剂,用 10.0mmol/L EDTA 溶液滴定到终点,消耗 24.00mL;另取一份水样 100mL,调节 pH＝12,加钙指示剂,然后以 10.0mmol/L EDTA 溶液滴定到终点,消耗 12.00mL。求该水样的总硬度(以 mmol/L 表示)和 Ca^{2+}、Mg^{2+} 的含量(以 mg/L 表示)。

沉 淀 滴 定 法

【学习目标】

了解沉淀溶解平衡与影响溶解度的因素，掌握溶度积常数的概念、分步沉淀理论和银量法的原理。

【具体内容】

难溶电解质的溶度积及其与溶解度的关系、影响沉淀溶解度的因素、分步沉淀理论、银量法。

沉淀滴定法是以沉淀反应为基础的滴定分析方法。沉淀滴定法不仅要满足滴定分析的基本要求，而且要满足以下条件：

(1) 反应形成的沉淀的溶解度必须很小。

(2) 反应形成的沉淀的吸附现象应不影响滴定终点的确定。

任务 4.1 沉淀溶解平衡与影响溶解度的因素

4.1.1 沉淀溶解平衡

自然界中没有绝对不溶的物质，任何难溶的电解质在水溶液中都会或多或少地溶解，在难溶电解质的饱和溶液中，存在着固体和溶液离子之间的平衡，即溶解沉淀平衡。例如将 AgCl 晶体投入水中，晶体表面上的 Ag^+ 和 Cl^- 在极性水分子的作用下，不断从表面溶入水中。同时已溶于水的 Ag^+ 和 Cl^- 在运动中不断撞击 AgCl 晶体表面并相互结合于晶体表面。这两个相反的过程，前者称为溶解，后者称作沉淀。这两个过程进行一段时间后，两者的速度相等时，便达到溶解—沉淀平衡，液相也成为 AgCl 饱和溶液。

沉淀的溶解
平衡

$$AgCl(s) \rightleftharpoons Ag^+(aq) + Cl^-(aq)$$

$$K_{AgCl} = [Ag^+][Cl^-]$$

当溶解与结晶速度相等达到溶解—沉淀平衡状态时 K_{AgCl} 为一常数，该常数称为溶度积常数，用 K_{sp} 表示。

对 M_mA_n 型沉淀，溶度积的计算公式为

$$M_mA_n \rightleftharpoons mM^{n+} + nA^{m-} \qquad K_{sp} = [M]^m[A]^n$$

设沉淀 $M_m A_n$ 的溶解度为 S，即平衡时每升溶液中有 $S(mol)$ 的 $M_m A_n$ 溶解，此时有 $mS\,mol/L$ 的 M^{n+} 和 $nS\,mol/L$ 的 A^{m-} 生成，即

$$[M^{n+}] = n\,mol/L \qquad [A^{m-}] = nS\,mol/L$$

于是

$$K_{sp} = (mS)^m(nS)^n = m^m n^n S^{m+n}$$

$\therefore$

$$S = \sqrt[m+n]{\dfrac{K_{sp}}{m^m n^n}}$$

例如 Ag_2CrO_4 沉淀：

$$Ag_2CrO_4 \rightleftharpoons 2Ag^+ + CrO_4^{2-}$$

$$S = \sqrt[3]{\frac{K_{sp}}{4}} = \sqrt[3]{\frac{1.12 \times 10^{-12}}{4}} = 6.5 \times 10^{-5}\,(mol/L)$$

4.1.2　影响沉淀溶解度的因素

4.1.2.1　同离子效应

在难溶电解质饱和溶液中加入含有相同离子的强电解质，难溶电解质的多相平衡将发生移动，使沉淀溶解度降低，这种作用即同离子效应。例如，向饱和 AgCl 溶液中加入 NaCl，由于含有相同的 Cl^-，可使原来的平衡向生成沉淀的方向移动，从而使溶液中有 AgCl 晶体析出。

4.1.2.2　盐效应

根据同离子效应，欲使溶液中某离子充分沉淀，加入过量的沉淀剂是有利的，但超过理论量的 20% 后，由于溶液中离子总量太大，反而会导致沉淀溶解，使沉淀的溶解度增大，这种现象叫盐效应。

4.1.2.3　酸效应

有一些离子要沉淀完全，除选择加入合适种类、适度过量的沉淀剂外，溶液的 pH 值也影响着沉淀的生成。通常把 pH 值对离子沉淀溶解的影响称做酸效应。

4.1.2.4　配位效应

加入适当的配合剂，可使溶液中某些离子形成稳定的配合物，从而使沉淀溶解。例如向 AgCl 浊液中加入氨水可使其中的 AgCl 晶体溶解而使浊液转变为澄清的溶液。反应如下：

$$AgCl(s) \rightleftharpoons Ag^+(aq) + Cl^-(aq)$$
$$Ag^+(aq) + 2NH_3 \rightleftharpoons [Ag(NH_3)_2]^+$$

除了同离子效应、盐效应、酸效应和配位效应外，还有温度、溶剂等其他因素，也影响沉淀的溶解度。

任务 4.2　分　步　沉　淀

在实际工作中，水体内常常有多种离子共存，当加入沉淀剂时，可能几种离子都能与之生成沉淀。比如在含有 Cl^-、CrO_4^{2-} 的溶液中（浓度均为 $0.01\,mol/L$）滴加 $AgNO_3$ 溶液，开始可以看到白色沉淀 AgCl 生成，而后很明显地出现了红色沉淀

Ag_2CrO_4。这种由于难溶电解质的溶解度不同，加入沉淀剂后溶液中发生先后沉淀的现象称为分布沉淀。对同一类型的沉淀，K_{sp} 越小越先沉淀，且 K_{sp} 相差越大分步沉淀越完全，对不同类型的沉淀，其沉淀先后顺序要通过计算才能确定。

【例 4.1】 某溶液中含有 Fe^{3+} 和 Fe^{2+}，它们的浓度均为 $0.05mol/L$，欲使 Fe^{3+} 定量沉淀而 Fe^{2+} 不沉淀的条件是什么？

分步沉淀和
共同沉淀

解： $Fe(OH)_3 \rightleftharpoons Fe^{3+} + 3\,OH^-$ $\quad K_{sp} = [Fe^{3+}][OH^-]^3 = 3.0 \times 10^{-39}$

Fe^{3+} 沉淀完全时的 $[OH^-]$ 为

$$[OH^-] = \sqrt[3]{\frac{K_{sp \cdot Fe(OH)_3}}{[Fe^{3+}]}} = \sqrt[3]{\frac{3.0 \times 10^{-39}}{0.05}} = 3.91 \times 10^{-13}(mol/L)$$

$$pH = 1.60$$

$Fe(OH)_2 \rightleftharpoons Fe^{2+} + 2\,OH^-$ $\quad K_{sp} = [Fe^{2+}][OH^-]^2 = 8.0 \times 10^{-16}$

Fe^{2+} 开始沉淀的 pH 值为

$$[OH^-] = \sqrt[3]{\frac{K_{sp \cdot Fe(OH)_2}}{[Fe^{2+}]}} = \sqrt[3]{\frac{8.0 \times 10^{-16}}{0.05}} = 1.26 \times 10^{-7}(mol/L)$$

$$pH = 7.10$$

因此，只要控制 pH 值在 $1.60 \sim 7.10$ 之间即可使 Fe^{3+} 定量沉淀而 Fe^{2+} 不沉淀。

有时，我们还需要进行沉淀的转化，即将微溶化合物转化为更难溶的化合物。例如，当微溶化合物 AgCl 的溶液达到沉淀溶解平衡时，加入 NH_4SCN（硫氰酸铵）溶液，生成更难溶的化合物硫氰酸银 AgSCN。测定水样中 Cl^- 的佛尔哈德法就是利用沉淀转化原理。

任务 4.3 银 量 法

4.3.1 沉淀滴定法

以沉淀反应为基础的滴定分析方法叫作沉淀滴定法，但并不是所有的沉淀反应都能用于滴定分析。用于沉淀滴定法的沉淀反应必须符合下列几个条件。

（1）沉淀反应生成的沉淀的溶解度必须很小。

（2）沉淀反应必须迅速、定量地进行。

（3）能够用适当的指示剂或其他方法确定滴定的终点。

能具备上述条件的沉淀反应不多，应用最多的是生成难溶银盐的反应。如 Cl^-、Br^-、I^-、SCN^- 等离子与 Ag^+ 反应生成 AgX 沉淀。这种利用银盐沉淀反应的滴定方法就称为"银量法"。银量法既指用 $AgNO_3$ 标准溶液测定卤素离子和 SCN^- 离子，也包括用 KSCN 或 NH_4SCN 标准溶液滴定 Ag^+ 离子。

银量法滴定终点的确定按所用的指示剂不同，可分为以下三种。

（1）莫尔（Mohr）滴定法：用铬酸钾 K_2CrO_4 作指示剂，生成有色的沉淀指示终点。

（2）佛尔哈德（Volhard）滴定法：用铁铵矾 $NH_4Fe(SO_4)_2$ 作指示剂，形成可溶性有色的配合物指示终点。

（3）法扬司（Fajans）滴定法：用有机染料作指示剂，在沉淀表面吸附指示剂，生成有色物质指示终点。

4.3.2　莫尔滴定法

4.3.2.1　测定原理

以硝酸银（$AgNO_3$）溶液作标准溶液，铬酸钾（K_2CrO_4）作指示剂直接滴定卤化物。以测定水中 Cl^- 为例，反应式为

滴定反应：$\qquad\qquad Ag^+ + Cl^- \Longrightarrow AgCl\downarrow$（白色）

指示剂反应：$\qquad 2Ag^+ + CrO_4^{2-} \Longrightarrow Ag_2CrO_4\downarrow$（砖红色）

根据分步沉淀原理，首先生成沉淀的是 AgCl 沉淀，当达到计量点时，水中 Cl^- 已全部被滴定，稍过量的 Ag^+ 便与 CrO_4^{2-} 生成砖红色 Ag_2CrO_4 沉淀，而指示滴定终点。根据 $AgNO_3$ 标准溶液的浓度和用量，就能计算出水中 Cl^- 的含量。

4.3.2.2　应用范围

主要适用于以 $AgNO_3$ 标准溶液直接滴定 Cl^-、Br^- 和 CN^- 的反应，而不适用于滴定 I^- 和 SCN^-。

4.3.2.3　注意事项

（1）滴定溶液应为中性或弱碱性（pH＝6.5～10.5）范围。酸性太强，CrO_4^{2-} 浓度减小；碱性过高，会生成 Ag_2O 沉淀。

（2）指示剂用量要合适，K_2CrO_4 的浓度一般采用 $5×10^{-3}\,mol/L$ 为宜。过大会使溶液颜色过深，终点出现过早而影响终点的观察；过小，则终点出现过迟而影响滴定的准确度。

（3）凡与指示剂 CrO_4^{2-} 或 Ag^+ 生成沉淀的离子均干扰测定，如 Pb^{2+}、Hg^{2+}、PO_4^{3-}、S^{2-} 等离子在滴定时需除去。

（4）不能用返滴定法，只适用于 Ag^+ 滴定 Cl^-、Br^-、CN^- 等。

（5）溶液中有 NH_4^+ 存在时，pH 应控制在 6.5～7.2。

（6）滴定时要剧烈摇动，以减少沉淀对 Cl^-、Br^- 的吸附，提高滴定准确度。

4.3.2.4　应用实例

【例 4.2】 取生理盐水 10.00mL，加入 0.5mL K_2CrO_4 指示剂，以 0.1045mol/L $AgNO_3$ 标准溶液滴定至砖红色，即为终点，用去 $AgNO_3$ 溶液 14.58mL，求生理盐水中 NaCl 的质量分数。

解：
$$NaCl\%(W/V) = C_{AgNO_3} × V_{AgNO_3} × 10^{-3} × M_{NaCl} × 100/V_样$$
$$= 0.1045 × 14.58 × 10^{-3} × 58.50 × 100/10.00$$
$$= 0.8900$$

4.3.3　佛尔哈德滴定法

4.3.3.1　直接滴定法测定水中 Ag^+

在酸性介质中，以铁铵矾作指示剂，用 NH_4SCN 标准溶液滴定 Ag^+，滴定反应：
$$Ag^+ + SCN^- \Longrightarrow AgSCN\downarrow$（白色）$$

计量点时，Ag^+ 已被全部滴定完毕。

$$Fe^{3+} + SCN^- \Longrightarrow FeSCN^{2+} \quad （血红色络合物）$$

根据 NH_4SCN 标准溶液的消耗量，求出水中 Ag^+ 的含量。

4.3.3.2 返滴定法测定水中卤素离子

加入过量的 $AgNO_3$ 标准溶液，使水样中全部卤素离子都生成卤化银 AgX 沉淀。

$$Ag^+ + Cl^- \Longrightarrow AgCl \downarrow$$
（过量）　　　　（白色）

然后加入指示剂铁铵矾，用 NH_4SCN 标准溶液返滴定剩余的 Ag^+。

$$Ag^+ + SCN^- \Longrightarrow AgSCN \downarrow$$
（剩余）　　　　（白色）

计量点时，稍过量的 SCN^- 与指示剂 Fe^{3+} 反应生成血红色络合物 $FeSCN^{2+}$，指示滴定终点。根据所加入的 $AgNO_3$ 标准溶液总量和所消耗 NH_4SCN 标准溶液的量，求出水中 Cl^- 含量。

4.3.3.3 应用范围

可以测定 Ag^+、Cl^-、Br^-、I^- 及 SCN^- 等，常用来测定有机氯化物，如农药中的六六六等。

4.3.3.4 注意事项

(1) 要在强酸性条件下滴定（溶液的 $[H^+]$ 一般控制在 $0.1 \sim 1 mol/L$ 之间）。

(2) Fe^{3+} 的浓度应保持为 $0.015 mol/L$。

(3) 生副反应的离子（如铜盐、汞盐、强氧化剂等）应先除去。

(4) 滴定时溶液必须剧烈摇动。

4.3.3.5 应用实例

【例 4.3】 取含 Cl^- 的水样 100.0mL，加入 25.00mL 0.1085mol/L $AgNO_3$ 标准溶液，然后用 0.1125mol/L NH_4SCN 溶液滴定剩余的 Ag^+，消耗 2.12mL，求水样中 Cl^- 的含量（以 mg/L 表示）。

解： $$Cl^-(mg/L) = \frac{(0.1065 \times 25.00 - 0.1014 \times 2.12) \times 35.453 \times 1000}{100} = 867.71(mg/L)$$

在沉淀滴定中，沉淀是否完全决定于沉淀的溶解度和影响溶解度的各种因素。根据分析的允许误差，当溶液中未沉淀离子的量小于 0.2mg 时，一般可认为该离子已沉淀完全。

思 考 题 与 习 题

1. 用莫尔滴定法测定氯离子，为了准确测定应注意哪些问题？

2. 在下列情况下，分析结果是偏高、偏低，还是无影响？为什么？

(1) 在 pH＝3 的条件下，用莫尔滴定法测定水中 Cl^-。

(2) 在 pH＝10 的条件下，水样中含有铵盐，用莫尔滴定法测定水中 Cl^-。

(3) 用佛尔哈德滴定法测定水中 Cl^-，没有将 $AgCl$ 沉淀滤去，也没有加有机

项目 4 答案

59

溶剂。

3. 已知 $Fe(OH)_3$ 的 $K_{sp} = 3.0 \times 10^{-39}$，求其溶解度。

4. 取水样 100mL，加入 20.00mL 0.1000mol/L $AgNO_3$ 溶液，然后用 0.1000mol/L NH_4SCN 溶液滴定过量的 $AgNO_3$ 溶液，用去 12.00mL，求该水样中 Cl^- 的含量（mg/L 表示）。

5. 在 8mL 0.0020mol/L $MnSO_4$ 溶液中，加入 7mL 0.0020mol/L 氨水，问能否生成 $Mn(OH)_2$ 沉淀？如在加入 7mL 0.0020mol/L 氨水之前，先加入 0.5000g $(NH_4)_2SO_4$ 固体，还能否生成 $Mn(OH)_2$ 沉淀？

6. 在含有等浓度的 Cl^- 和 I^- 的溶液中，逐滴加入 $AgNO_3$ 溶液，哪一种离子先沉淀？第二种离子开始沉淀时，Cl^- 和 I^- 的浓度比为多少？

7. 水样中 Pb^{2+} 和 Ba^{2+} 的浓度分别为 0.0100mol/L 和 0.1000mol/L，滴加入 K_2CrO_4 溶液，哪一种离子先沉淀？两者有无分开的可能性？

8. 在含有 AgCl 沉淀的溶液中，加入 0.1000mol/L NaSCN 溶液，AgCl 能否转化成 AgSCN 沉淀，转化终止时溶液中 Cl^- 的量浓度是多少？

项目 5

氧化还原滴定法

【学习目标】

了解氧化还原反应进行的方向及其影响因素、影响氧化还原反应速率的因素、氧化还原指示剂，掌握标准电极电位和条件电极电位、氧化还原反应进行的完全程度、氧化还原滴定的基本原理、高锰酸钾法及高锰酸盐指数的测定方法、重铬酸钾法、化学需氧量的测定方法及水中苯酚的测定方法，掌握碘量法及水中溶解氧、生物化学需氧量、余氯、臭氧等水质指标的测定原理。

【具体内容】

氧化还原平衡、氧化还原反应进行的方向及其影响因素、影响氧化还原反应速率的因素、氧化还原指示剂、氧化还原滴定基本原理、高锰酸钾法、重铬酸钾法、碘量法、溴酸钾法。

氧化还原滴定法是以氧化还原反应为基础的滴定分析法。氧化还原反应是溶液中氧化剂与还原剂之间的电子转移，反应机理比较复杂，除主反应外，经常可能发生各种副反应，使反应物之间不是定量进行，而且反应速率一般较慢。因此氧化还原反应必须选择适当的条件，使之符合滴定分析的基本要求。

氧化还原滴定法广泛适用于水质分析中，例如水中溶解氧、高锰酸盐指数、生物化学需氧量等的分析。氧化还原滴定法按所用的氧化剂和还原剂的不同，可分为高锰酸钾法、重铬酸钾法、碘量法和溴酸钾法等。

任务 5.1　氧 化 还 原 平 衡

5.1.1　标准电极电位和条件电极电位

氧化还原反应可用下列平衡式表示：

$$Ox_1 + Red_2 \rightleftharpoons Red_1 + Ox_2$$

式中　Ox——某氧化还原电对的氧化态；

　　　Red——某氧化还原电对的还原态。

它们的氧化还原半反应可表示为

$$Ox + ne^- \rightleftharpoons Red \quad (n \text{ 是半反应中电子的转移数})$$

条件电极
电位

61

在氧化还原反应中，氧化剂和还原剂的强弱，可以用有关电对的电极电位来衡量。电极电对的电位越高，其氧化态的氧化能力越强；电极电对的电位越低，其还原态的还原能力越强。氧化剂可以氧化电极电位比它低的还原剂；还原剂可以还原电极电位比它高的氧化剂。

可逆氧化还原电对的电极电位可用能斯特方程式求得，即

$$E_{Ox/Red} = E^0_{Ox/Red} + \frac{RT}{nF}\ln\frac{\alpha_{Ox}}{\alpha_{Red}} \tag{5.1}$$

式中　$E_{Ox/Red}$——Ox/Red 电对的电极电位；

$\quad\quad E^0_{Ox/Red}$——Ox/Red 电对的标准电极电位；

$\quad\quad \alpha_{Ox}$、α_{Red}——氧化态 Ox 及还原态 Red 的活度，离子的活度等于浓度 C 乘以活度系数 γ，$\alpha = \gamma C$；

$\quad\quad n$——半反应中电子的转移数。

式（5.1）中其他项都是常数：R 是气体常数即 8.314J/(mol·K)；T 是热力学温度；F 是法拉第常数（96485C/mol）。

将以上数据代入式（5.1）中，在 25℃时可得

$$E_{Ox/Red} = E^0_{Ox/Red} + \frac{0.059}{n}\lg\frac{\alpha_{Ox}}{\alpha_{Red}} \tag{5.2}$$

从式（5.2）中可见，电对的电极电位与存在于溶液中氧化态和还原态的活度 a 有关。当 $\alpha_{Ox} = \alpha_{Red} = 1$ 时，$E_{Ox/Red} = E^0_{Ox/Red}$，这时的电极电位等于标准电极电位。所谓标准电极电位是指在一定温度下（通常为 25℃），氧化还原半反应中各组分都处于标准状态，即离子或分子的活度等于 1mol/L，反应中若有气体参加则其分压等于 101325Pa（1 大气压）时的电极电位。$E_{Ox/Red}$ 仅随温度变化。常见电对标准电极电位值参见附录 3。

如果分析过程中，忽略溶液中离子强度的影响，以溶液的浓度代替活度进行计算，则能斯特方程式变为

$$E_{Ox/Red} = E^0_{Ox/Red} + \frac{0.059}{n}\lg\frac{[Ox]}{[Red]} \tag{5.3}$$

但在实际工作中，溶液中离子强度的影响不能忽视，更重要的是当溶液组成改变时，电对的氧化态和还原态的存在形式也随之改变，因而引起电极电位的变化，在这种情况下，用式（5.3）计算有关电对电极电位时，若仍采用标准电极电位，不考虑离子强度的影响，其计算结果会与实际情况相差很大。现以 HCl 溶液中 Fe(Ⅲ)/Fe(Ⅱ) 体系的电极电位计算为例，由能斯特方程式得到

$$E_{Fe^{3+}/Fe^{2+}} = E^0_{Fe^{3+}/Fe^{2+}} + 0.059\lg\frac{\alpha_{Fe^{3+}}}{\alpha_{Fe^{2+}}} \tag{5.4a}$$

$$E_{Fe^{3+}/Fe^{2+}} = E^0_{Fe^{3+}/Fe^{2+}} + 0.059\lg\frac{\gamma_{Fe^{3+}}[Fe^{3+}]}{\gamma_{Fe^{2+}}[Fe^{2+}]} \tag{5.4b}$$

另一方面，在 HCl 溶液中除 Fe^{3+}、Fe^{2+} 外，三价铁还有 $Fe(OH)^{2+}$、$FeCl_2^+$、$FeCl_4^-$、$FeCl_6^{3-}$ 等存在形式，而二价铁也还有 $Fe(OH)^+$、$FeCl^+$、$FeCl_3^-$、$FeCl_4^{2-}$

等存在形式。如果用 $C_{Fe(Ⅲ)}$、$C_{Fe(Ⅱ)}$ 分别表示溶液中 Fe^{3+}、Fe^{2+} 的分析浓度，即总浓度，则

$$\alpha_{Fe^{3+}} = \frac{C_{Fe(Ⅲ)}}{[Fe^{3+}]}, \alpha_{Fe^{2+}} = \frac{C_{Fe(Ⅱ)}}{[Fe^{2+}]} \tag{5.4c}$$

式中　$\alpha_{Fe^{3+}}$ 及 $a_{Fe^{2+}}$——HCl 溶液中 Fe^{3+}、Fe^{2+} 的副反应系数。

将式（5.4c）中的 $\alpha_{Fe^{3+}}$、$\alpha_{Fe^{2+}}$ 代入式（5.4b）得

$$E_{Fe^{3+}/Fe^{2+}} = E^0_{Fe^{3+}/Fe^{2+}} + 0.059 \lg \frac{\gamma_{Fe^{3+}} \alpha_{Fe^{2+}} C_{Fe(Ⅲ)}}{\gamma_{Fe^{2+}} \alpha_{Fe^{3+}} C_{Fe(Ⅱ)}} \tag{5.4d}$$

因为 $C_{Fe(Ⅲ)}$ 和 $C_{Fe(Ⅱ)}$ 是知道的，α 和 γ 在一定条件下为一固定值，可以并入常数项中，为此将式（5.4d）改写为

$$E_{Fe^{3+}/Fe^{2+}} = E^0_{Fe^{3+}/Fe^{2+}} + 0.059 \lg \frac{\gamma_{Fe^{3+}} \alpha_{Fe^{2+}}}{\gamma_{Fe^{2+}} \alpha_{Fe^{3+}}} + 0.059 \lg \frac{C_{Fe(Ⅲ)}}{C_{Fe(Ⅱ)}} \tag{5.4e}$$

令

$$E^{0'}_{Fe^{3+}/Fe^{2+}} = E^0_{Fe^{3+}/Fe^{2+}} + 0.059 \lg \frac{\gamma_{Fe^{3+}} \alpha_{Fe^{2+}}}{\gamma_{Fe^{2+}} \alpha_{Fe^{3+}}} \tag{5.4f}$$

则式（5.4d）可写作

$$E_{Fe^{3+}/Fe^{2+}} = E^{0'}_{Fe^{3+}/Fe^{2+}} + 0.059 \lg \frac{C_{Fe(Ⅲ)}}{C_{Fe(Ⅱ)}} \tag{5.4g}$$

一般通式为

$$E_{Ox/Red} = E^{0'}_{Ox/Red} + \frac{0.059}{n} \lg \frac{C_{Ox}}{C_{Red}} \tag{5.5}$$

其中

$$E^{0'}_{Ox/Red} = E^0_{Ox/Red} + \frac{0.059}{n} \lg \frac{\gamma_{Ox} \alpha_{Red}}{\gamma_{Red} \alpha_{Ox}} \tag{5.6}$$

$E^{0'}_{Ox/Red}$ 称为条件电极电位。它表示在特定条件下氧化态和还原态的总浓度都为 $1mol/L$ 或二者浓度比值为 1 时校正了各种外界因素影响后的实际电极电位，条件电极电位反映了离子强度与各种副反应影响的总结果，在一定条件下为常数。

影响条件电极电位的因素主要有离子强度、副反应（如生成沉淀、配合物等）、H^+ 浓度等。条件电极电位的大小表示在某些外界因素影响下氧化还原电对的实际氧化还原能力。部分氧化还原电对的条件电极电位参见附录 4。在处理有关氧化还原反应的电位计算时，应尽量采用条件电极电位，当缺乏相同条件下的电极电位数据时，可采用条件相近的条件电极电位，这样所得的处理结果比较接近实际情况。

5.1.2　氧化还原反应进行的方向及其影响因素

5.1.2.1　氧化还原反应进行的方向

根据氧化还原反应中两个电对标准电极电位的大小，可以大致判断其反应的方向。电极电位较大的电对，其氧化态获得电子的倾向较大，是较强的氧化剂；电极电位较小的电对，其还原态给出电子的倾向较大，是较强的还原剂。

【例 5.1】　判断下列反应进行的方向是向左还是向右。

$$2Fe^{3+} + Sn^{2+} \Longrightarrow 2Fe^{2+} + Sn^{4+}$$

解：因为 $E^0_{Fe^{3+}/Fe^{2+}} = 0.77V$，$E^0_{Sn^{4+}/Sn^{2+}} = 0.15V$，所以 $E^0_{Fe^{3+}/Fe^{2+}} > E^0_{Sn^{4+}/Sn^{2+}}$。

故反应向右进行。

电极电位的大小是发生反应的内因,上例是通过比较两对标准电极电位的大小来判断氧化还原反应的方向。但反应的外部条件(如温度、浓度、酸度等)发生变化时,氧化还原电对的电极电位也将发生变化,从而可能改变反应的方向。

5.1.2.2 影响因素

影响氧化还原反应进行方向的因素有氧化剂和还原剂的浓度、H^+ 的浓度、生成沉淀或配合物等。

(1)氧化剂和还原剂浓度的影响。由能斯特方程式可看出,当氧化态浓度增加时,电极电位 E 值增加;而还原态浓度增大时,电极电位 E 值减小。因此,当改变各物质的浓度时可能改变氧化还原反应的方向。

【例 5.2】 根据下列条件,判断反应 $Sn^{2+} + Pb \rightleftharpoons Sn + Pb^{2+}$ 进行的方向。

(1)$[Sn^{2+}] = [Pb^{2+}] = 1mol/L$

(2)$[Sn^{2+}] = 1mol/L, [Pb^{2+}] = 0.1mol/L$

解: 查附录 3 可知:$E^0_{Sn^{2+}/Sn} = -0.14V$,$E^0_{Pb^{2+}/Pb} = -0.13V$

(1)当 $[Sn^{2+}] = [Pb^{2+}] = 1mol/L$ 时:

$$E_{Sn^{2+}/Sn} = E^0_{Sn^{2+}/Sn} = -0.14V \quad E_{Pb^{2+}/Pb} = E^0_{Pb^{2+}/Pb} = -0.13V$$

所以 $\qquad\qquad\qquad\qquad E_{Pb^{2+}/Pb} > E_{Sn^{2+}/Sn}$

Pb^{2+} 的氧化性大于 Sn^{2+} 的氧化性,反应进行如下:

$$Sn + Pb^{2+} \rightarrow Sn^{2+} + Pb$$

(2)当 $[Sn^{2+}] = 1mol/L$,$[Pb^{2+}] = 0.1mol/L$ 时:

$$E_{Sn^{2+}/Sn} = E^0_{Sn^{2+}/Sn} = -0.14V$$

$$E_{Pb^{2+}/Pb} = E^0_{Pb^{2+}/Pb} + \frac{0.059}{2}lg[Pb^{2+}] = -0.13 + \frac{0.059}{2}lg0.1 = -0.16(V)$$

所以 $\qquad\qquad\qquad\qquad E_{Sn^{2+}/Sn} > E_{Pb^{2+}/Pb}$

Sn^{2+} 的氧化性大于 Pb^{2+} 的氧化性,反应进行如下:

$$Sn^{2+} + Pb \rightarrow Sn + Pb^{2+}$$

(2)生成沉淀的影响。当加入一种能与氧化剂或还原剂形成沉淀的物质时,由于沉淀的生成,将改变氧化态或还原态物质的浓度,引起电极电位的变化,从而可能改变反应进行的方向。

例如:$2Cu^{2+} + 2I^- \rightleftharpoons 2Cu^+ + I_2$,因为 $E^0_{Cu^{2+}/Cu} = 0.158V$,$E^0_{I_2/2I^-} = 0.535V$

所以反应不能向右进行。但因 I^- 离子与 Cu^{2+} 生成了 CuI 沉淀,则实际反应为

$$2Cu^{2+} + 4I^- \rightleftharpoons 2CuI\downarrow + I_2 \quad E^0_{Cu^{2+}/CuI} = 0.86V$$

由于 CuI 的生成,使 Cu^+ 浓度大大降低,由能斯特方程式可知:$E^0_{Cu^{2+}/Cu}$ 增大,且 $E^0_{Cu^{2+}/Cu} > E^0_{I_2/2I^-}$,所以反应向右进行。

(3)形成配合物的影响。当加入一种能与氧化剂或还原剂形成稳定配合物的配位剂时,也可改变体系的电极电位,从而可能影响反应进行的方向。

(4)H^+ 浓度的影响。一些有 H^+ 参与的氧化还原反应,如果改变 H^+ 的浓度,则

对电对的电极电位影响较大。例如：

$$H_3AsO_4 + 2H^+ + 2e^- \Longrightarrow H_3AsO_3 + 2H_2O$$

$$E_{H_3AsO_4/H_3AsO_3} = E^0_{H_3AsO_4/H_3AsO_3} + \frac{0.059}{2} \lg \frac{[H_3AsO_4][H^+]^2}{[H_3AsO_3]}$$

从上式可知〔H^+〕增大，$E_{H_3AsO_4/H_3AsO_3}$ 也增大，反之亦然。因此，也可通过调节溶液 H^+ 浓度的大小来改变氧化还原反应进行的方向。

5.1.3 氧化还原反应进行的完全程度

5.1.3.1 氧化还原反应的平衡常数

在氧化还原滴定分析法中，要求氧化还原反应进行得越完全越好，而反应的完全程度是以它的平衡常数大小来衡量的。氧化还原反应的平衡常数，可以根据能斯特方程式和有关电对的标准电极电位或条件电极电位求得。假设氧化还原反应式为

$$n_2 Ox_1 + n_1 Red_2 \Longrightarrow n_2 Red_1 + n_1 Ox_2 \tag{5.7}$$

平衡常数

$$K = \frac{(\alpha_{Red_1})^{n_2} \cdot (\alpha_{Ox_2})^{n_1}}{(\alpha_{Ox_1})^{n_2} \cdot (\alpha_{Red_2})^{n_1}} \tag{5.8}$$

两电对的电极电位为

$$Ox_1 + n_1 e^- \Longrightarrow Red_1 \quad E_1 = E^0_1 + \frac{0.059}{n_1} \lg \frac{\alpha_{Ox_1}}{\alpha_{Red_1}}$$

$$Ox_2 + n_2 e^- \Longrightarrow Red_2 \quad E_2 = E^0_2 + \frac{0.059}{n_2} \lg \frac{\alpha_{Ox_2}}{\alpha_{Red_2}}$$

当反应达到平衡时，$E_1 = E_2$，则

$$E^0_1 + \frac{0.059}{n_1} \lg \frac{\alpha_{Ox_1}}{\alpha_{Red_1}} = E^0_2 + \frac{0.059}{n_2} \lg \frac{\alpha_{Ox_2}}{\alpha_{Red_2}} \tag{5.9}$$

$$E^0_1 - E^0_2 = \frac{0.059}{n_2} \lg \frac{\alpha_{Ox_2}}{\alpha_{Red_2}} - \frac{0.059}{n_1} \lg \frac{\alpha_{Ox_1}}{\alpha_{Red_1}}$$

$$= \frac{0.059}{n_1 n_2} \lg \left(\frac{\alpha_{Ox_2}}{\alpha_{Red_2}} \right)^{n_1} \left(\frac{\alpha_{Red_1}}{\alpha_{Ox_1}} \right)^{n_2} \tag{5.10}$$

将式（5.8）代入式（5.10）中得

$$\lg K = \frac{(E^0_1 - E^0_2) n_1 n_2}{0.059} \tag{5.11}$$

如果考虑溶液中各种副反应的影响，将上述过程的 E^0 用 $E^{0'}$ 代替，则得到条件平衡常数 K'，即

$$\lg K' = \frac{(E^{0'}_1 - E^{0'}_2) n_1 n_2}{0.059} \tag{5.12}$$

其中

$$K' = \frac{(C_{Red_1})^{n_2} \cdot (C_{Ox_2})^{n_1}}{(C_{Ox_1})^{n_2} \cdot (C_{Red_2})^{n_1}} \tag{5.13}$$

可见，氧化还原反应可由平衡常数 K 或条件平衡常数 K' 的大小来判断反应完成的程度。E^0 或 $E^{0'}$ 越大，K 或 K' 越大，反应进行得越完全。在实际分析工作中，用

$\lg K'$ 来判断氧化还原反应的完成程度更合理。

5.1.3.2　计量点时，反应进行的程度

满足滴定分析一般应使反应完全程度达到 99.9％ 以上。因此，在计量点时，必须

$$\frac{C_{Ox_1}}{C_{Red_1}} \leqslant 0.1\% = 10^{-3} \qquad \frac{C_{Ox_2}}{C_{Red_2}} \leqslant 0.1\% = 10^{-3}$$

对于 $n_1 = n_2 = 1$ 的反应：

$$\lg K' = \lg \frac{(C_{Red_1})(C_{Ox_2})}{(C_{Ox_1})(C_{Red_2})} \geqslant \lg(10^3 \times 10^3) = 6$$

即
$$\lg K' \geqslant 6 \qquad\qquad\qquad (5.14)$$

将式 (5.14) 代入式 (5.12) 中得

$$E_1^{0'} - E_2^{0'} = \frac{0.059}{n_1 n_2} \lg K' \geqslant \frac{0.059}{1} \times 6 \approx 0.35(V)$$

即
$$E_1^{0'} - E_2^{0'} \geqslant 0.40V \qquad\qquad\qquad (5.15)$$

凡满足 $\lg K' \geqslant 6$ 或 $E_1^{0'} - E_2^{0'} \geqslant 0.40V$ 条件的，反应才能定量完成，可用于氧化还原滴定分析。

对于 $n_1 \neq n_2$ 的反应，则有

$$\lg K' \geqslant 3(n_1 + n_2) \qquad\qquad\qquad (5.16)$$

或
$$E_1^{0'} - E_2^{0'} \geqslant 3(n_1 + n_2) \times \frac{0.059}{n_1 n_2}$$

【例 5.3】　判断用 H_2 处理含 Hg^{2+} 的废水效果如何。

解： H_2 和 Hg^{2+} 的反应式为

$$H_2 + Hg^{2+} \Longrightarrow Hg + 2H^+$$

查表（附录 3）知：

$$E^0_{Hg^{2+}/Hg} = 0.854V, \quad E^0_{H^+/H_2} = 0.00V$$

由式 (5.11) 有

$$\lg K = \frac{(0.854 - 0) \times 1 \times 2}{0.059} = 28.6 > 6$$

可见，Hg^{2+} 几乎全部转化为 Hg，所以用 H_2 处理含 Hg^{2+} 的废水效果很好。

【例 5.4】　判断在 $0.5mol/L\ H_2SO_4$ 溶液中反应 $2Fe^{3+} + 2I^- \Longrightarrow 2Fe^{2+} + I_2$ 能否定量完成。

解： 查表（附录 4）知：

$$E^{0'}_{Fe^{3+}/Fe^{2+}} = 0.68V, \quad E^{0'}_{I_2/I^-} = 0.5446V$$

由式 (5.11) 有

$$\lg K = \frac{(0.68 - 0.55) \times 1 \times 2}{0.059} = 4.6 < 6$$

所以在 $0.5mol/L\ H_2SO_4$ 溶液中反应不能定量完成。

任务 5.2 影响氧化还原反应速率的因素

在氧化还原反应中根据标准电极电位可以判断反应进行的方向，但这只能表明反应进行的可能性，并不能说明反应进行的速率。实际上不同的氧化还原反应速率差别很大，有的快，有的慢，有的甚至慢得可以认为它们之间几乎没有发生反应。所以运用氧化还原反应进行滴定分析时，对于氧化还原反应除了从平衡观点来了解反应的可能性外，还应考虑反应的速率。对那些反应速率较慢的，要考虑如何加快反应速率的问题。影响氧化还原反应速率的因素除了反应物性质，还有外部因素，如反应物浓度、温度、催化剂等。

5.2.1 反应物浓度的影响

根据质量作用定律，在一定条件下，反应速率与各反应物的浓度乘积成正比。一般来说，增加反应物的浓度可以提高反应速率。例如：

$$KIO_3 + 5KI + 6HCl = 3I_2 + 2H_2O + 6KCl$$

在一般情况下，此反应要等待数分钟才能反应完全。若增大 KIO_3、KI 或 HCl 浓度，则可加速反应的进行。

5.2.2 温度的影响

大多数反应，升高温度能加快反应速率。根据阿仑尼乌斯公式❶可知，一般温度每升高 10℃ 可使反应速率提高 2～3 倍。例如用草酸钠基准物质标定高锰酸钾溶液时，反应为

$$2MnO_4^- + 5C_2O_4^{2-} + 16H^+ \rightleftharpoons 2Mn^{2+} + 10CO_2 + 8H_2O$$

在室温下，反应速率缓慢。若将溶液加热，则反应速率大大加快。通常在此反应中将溶液加热至 75～85℃；另外还有一些反应不宜采用升高温度的方法加快反应速率。如反应中存在 I_2 等这类挥发性较大的物质时，若将溶液加热，则因挥发而引起损失。还有些物质（Fe^{2+}、Sn^{2+} 等）容易被空气氧化，若将溶液加热将促进这种氧化，也会引起误差。那么在这些情况下，就不能采用升高温度来加快反应速率的方法。

5.2.3 催化剂的影响

催化剂也可加快某些氧化还原反应速率。如用草酸钠基准物质标定高锰酸钾溶液时，即使在强酸性条件下，将溶液加热至 75～85℃，刚开始滴定时 MnO_4^- 褪色很慢，随着 MnO_4^- 溶液的不断加入，褪色逐渐加快，这是因为反应生成的 Mn^{2+} 起了催化剂的作用。

综上所述，氧化还原反应的速率与反应条件有关，只有适当选择和控制反应条件，才能使氧化还原反应按所需方向迅速地定量进行，这在水质分析和水处理工程中

---

❶ 阿仑尼乌斯公式：$k = Ae^{-Ea/RT}$，表示反应速率常数与温度间呈指数关系。其中 k 为速率常数；R 为摩尔气体常数；T 为热力学温度；Ea 为表现活化能；A 为指前因子（也称频率因子）。

有重要意义。

任务 5.3　氧化还原滴定基本原理

5.3.1　氧化还原反应计量点时的电极电位

对于下列氧化还原反应

$$n_2\,Ox_1 + n_1\,Red_2 \Longleftrightarrow n_2\,Red_1 + n_1\,Ox_2$$

当反应达到化学计量点时，两电对的电极电位相等，即 $E_{sp} = E_{Ox_1/Red_1} = E_{Ox_2/Red_2}$。由能斯特方程式可知

$$E_{sp} = E_{Ox_1/Red_1} = E^{0'}_{Ox_1/Red_1} + \frac{0.059}{n_1} \lg \frac{C_{Ox_1}}{C_{Red_1}} \tag{5.17a}$$

$$E_{sp} = E_{Ox_2/Red_2} = E^{0'}_{Ox_2/Red_2} + \frac{0.059}{n_2} \lg \frac{C_{Ox_2}}{C_{Red_2}} \tag{5.17b}$$

式（5.17a）$\times n_1 +$ 式（5.17b）$\times n_2$ 得

$$(n_1 + n_2) E_{sp} = (n_1 E^{0'}_{Ox_1/Red_1} + n_2 E^{0'}_{Ox_2/Red_2}) + 0.059 \lg \frac{C_{Ox_1} C_{Ox_2}}{C_{Red_1} C_{Red_2}} \tag{5.17c}$$

对于可逆、对称的氧化还原反应，在计量点时，$n_1 C_{Red_1} = n_2 C_{Ox_2}$，$n_1 C_{Ox_1} = n_2 C_{Red_2}$。所以 $\dfrac{C_{Ox_1} C_{Ox_2}}{C_{Red_1} C_{Red_2}} = 1$，式（5.17c）可变化为

$$E_{sp} = \frac{n_1 E^{0'}_{Ox_1/Red_1} + n_2 E^{0'}_{Ox_2/Red_2}}{n_1 + n_2} \tag{5.18}$$

式（5.18）就是计算计量点时电极电位的通式。

5.3.2　氧化还原滴定曲线

在氧化还原滴定过程中，随着标准溶液的加入，反应物和生成物浓度不断变化，溶液的电极电位也不断变化。在计量点附近，氧化剂或还原剂浓度有微小变化，就会使溶液的电极电位发生突变，即在计量点附近有一个电极电位突跃，到达计量点时，两电对的电极电位相等。这种电极电位改变的情况，可以用与酸碱滴定法等相似的滴定曲线来表示。现以在 $1\text{mol/L}\ H_2SO_4$ 溶液中用 $0.1000\text{mol/L}\ Ce(SO_4)_2$ 标准溶液滴定 $20.00\text{mL}\ 0.1000\text{mol/L}\ Fe^{2+}$ 溶液为例，其反应如下：

$$Ce^{4+} + Fe^{2+} \Longleftrightarrow Ce^{3+} + Fe^{3+}$$

在溶液酸度保持 $1\text{mol/L}\ H_2SO_4$ 时，$E^{0'}_{Fe^{3+}/Fe^{2+}} = 0.68\text{V}$，$E^{0'}_{Ce^{4+}/Ce^{3+}} = 1.44\text{V}$。

5.3.2.1　滴定开始到计量点前

在计量点前，溶液中 Fe^{2+} 过量，所以滴定过程中电极电位可根据 Fe^{3+}/Fe^{2+} 电对计算，即

$$E_{Fe^{3+}/Fe^{2+}} = E^{0'}_{Fe^{3+}/Fe^{2+}} + 0.059 \lg \frac{C_{Fe(\text{III})}}{C_{Fe(\text{II})}}$$

此时 $E_{Fe^{3+}/Fe^{2+}}$ 值随溶液中 $C_{Fe(\text{III})}$ 和 $C_{Fe(\text{II})}$ 的变化而变化。例如，当加入 $Ce(SO_4)_2$ 标准溶液 19.98mL 时，形成 Fe^{3+} 的物质的量是 $19.98 \times 0.1000 = 1.998\text{mmol}$；剩余 Fe^{2+} 的物质的量是 $(20.00 - 19.98) \times 0.1000 = 0.002\text{mmol}$。溶液电极电位为

$$E_{\text{Fe}^{3+}/\text{Fe}^{2+}} = 0.68 + 0.059 \lg \frac{1.998}{0.002} = 0.86(\text{V})$$

在计量点前各滴定点的电极电位可按上述方法计算。

5.3.2.2 化学计量点时

根据式（5.18）有

$$E_{\text{sp}} = \frac{n_1 E^{0'}_{\text{Fe}^{3+}/\text{Fe}^{2+}} + n_2 E^{0'}_{\text{Ce}^{4+}/\text{Ce}^{3+}}}{n_1 + n_2} = \frac{0.68 + 1.44}{2} = 1.06(\text{V})$$

5.3.2.3 化学计量点后

计量点后，溶液中 Ce^{4+} 过量，所以滴定过程中电极电位可根据 $\text{Ce}^{4+}/\text{Ce}^{3+}$ 电对计算，即

$$E_{\text{Ce}^{4+}/\text{Ce}^{3+}} = E^{0'}_{\text{Ce}^{4+}/\text{Ce}^{3+}} + 0.059 \lg \frac{C_{\text{Ce(IV)}}}{C_{\text{Ce(III)}}}$$

例如，当加入 $\text{Ce(SO}_4)_2$ 标准溶液 20.02mL 时，溶液电极电位为

$$E_{\text{Ce}^{4+}/\text{Ce}^{3+}} = 1.44 + 0.059 \lg \frac{0.002}{2.00}$$
$$= 1.26(\text{V})$$

计量点后各滴定点电极电位可按上述方法计算。

滴定过程中，不同滴定点电极电位的计算结果见表5.1，由此绘制的滴定曲线如图5.1所示。其中横坐标 a 为滴定分数（a＝滴定用量/总滴定用量）。

表 5.1　　　　0.1000mol/LCe^{4+} 滴定 0.1000mol/LFe^{2+} 溶液的电极电位变化

（1mol/LH_2SO_4 溶液中）

加入 Ce^{4+} 溶液		电位/V
V/mL	a/%	
1.00	5.0	0.60
2.00	10.0	0.62
4.00	20.0	0.64
8.00	40.0	0.67
10.00	50.0	0.68
12.00	60.0	0.69
18.00	90.0	0.74
19.80	99.0	0.80
19.98	99.9	0.86
20.00	100.0	1.06
20.02	100.1	1.26
22.00	110.0	1.38
30.00	150.0	1.42
40.00	200.0	1.44

（滴定突跃：0.86～1.26）

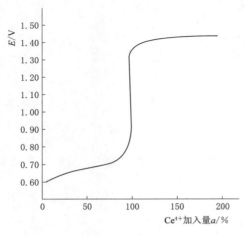

图 5.1　Ce（SO$_4$）$_2$ 溶液滴定 Fe^{2+} 的滴定曲线

滴定曲线可以用能斯特方程式计算而得，也可通过实验方法测得。从图 5.1 可知，曲线在计量点附近有一电极电位的突跃变化，这和酸碱滴定曲线的突跃十分相似。滴定曲线中滴定突跃位置由 Fe^{2+} 剩余 0.1％和 Ce^{4+} 过量 0.1％时两点的电极电位决定，所以滴定突跃范围为 0.86～1.26V。这就为选择指示剂提供了依据。由于 Ce^{4+} 滴定 Fe^{2+} 的反应中，两电对电子转移数目都是 1，故计量点时电极电位（1.06V）正好处在滴定突跃中间（0.86～1.26V），整个曲线基本对称。若两个半反应电对的电极电位相差越大，则突跃范围越大，从而有利于准确地确定滴定终点。

任务 5.4　氧化还原指示剂

在氧化还原滴定过程中，利用某些物质在计量点附近颜色的改变指示滴定终点，这类物质称为氧化还原指示剂。常用的氧化还原指示剂有以下几种。

5.4.1　自身指示剂

在氧化还原滴定中，利用滴定剂或被滴定液自身颜色的变化来确定滴定终点，这种滴定剂或被滴定液称为自身指示剂。如在高锰酸钾法中，高锰酸钾标准溶液本身有明显的紫色，当到达计量点后，稍微过量的 MnO$_4^-$ 就使溶液显粉红色指示终点。实验证明：在 100mL 水溶液中，加 0.1mol/L KMnO$_4$ 约 0.01mL 就可以看到溶液呈粉红色。

5.4.2　专属指示剂

有的物质本身不具有氧化还原性质，但它能与滴定体系中的氧化剂或还原剂产生特殊的颜色，以指示滴定终点。如可溶性淀粉与碘溶液反应，生成深蓝色的化合物，当 I$_2$ 被还原为 I$^-$ 时，深蓝色褪去。故在碘量法中，常用淀粉溶液作为指示剂。

5.4.3　氧化还原指示剂

这类指示剂本身是具有氧化还原性质的有机化合物，其氧化态和还原态具有不同的颜色，在滴定过程中也将发生氧化还原反应，可根据其氧化态和还原态颜色的不同，指示滴定终点的到达。现以 Ox 和 Red 分别表示指示剂的氧化态和还原态，则其氧化还原半反应为

$$Ox + ne^- \rightleftharpoons Red$$

根据能斯特方程式得 　　　　$E_{In} = E_{In}^{0'} + \dfrac{0.059}{n} \lg \dfrac{C_{Ox}}{C_{Red}}$ 　　　　　　　（5.19）

式中　$E_{In}^{0'}$——指示剂的条件电极电位。

随着滴定体系电极电位的改变，指示剂氧化态和还原态的浓度比也发生变化，因而使溶液的颜色发生变化。同酸碱指示剂的变色情况类似，氧化还原指示剂变色的电极电位范围为

$$E_{In}^{0'} \pm \frac{0.059}{n}(V)$$

必须指出，指示剂不同，其 $E_{In}^{0'}$ 不同，同一种指示剂在不同的介质中，其 $E_{In}^{0'}$ 也不同。在选择指示剂时，应使氧化还原指示剂的条件电极电位尽量与反应的化学计量点的电位相一致，以减小滴定终点的误差。常用的氧化还原指示剂见表5.2。

表5.2　　　　　　　　　　　　　常用的氧化还原指示剂

指示剂名称	变色时的 E_{sp}^{0}/V $[H^{+}]=1mol/L$	颜 色 变 化	
		氧化态	还原态
甲基蓝	0.53	蓝绿色	无色
二苯胺	0.76	紫色	无色
二苯胺磺酸钠	0.84	紫红色	无色
邻苯氨基苯甲酸	0.89	紫红色	无色
邻二氮菲亚铁	1.06	浅蓝色	红色
硝基邻二氮菲-亚铁	1.25	浅蓝色	紫红色

例如，如果用 $K_2Cr_2O_7$ 标准溶液滴定 Fe^{2+}，以二苯胺磺酸钠为指示剂，则滴定到终点时，稍微过量的 $K_2Cr_2O_7$ 溶液就使二苯胺磺酸钠由无色的还原态氧化为紫红色的氧化态，以指示终点的到达。相反，用 Fe^{2+} 标准溶液滴定 $K_2Cr_2O_7$ 等氧化剂时，以二苯胺磺酸钠为指示剂，则滴定到终点时，溶液由紫红色变为无色。

任务5.5　氧化还原滴定法在水质分析中的应用

在水质分析中，常用的氧化还原滴定法有高锰酸钾法、重铬酸钾法、碘量法、溴酸钾法的等。现分别介绍如下。

5.5.1　高锰酸钾法及其应用

$KMnO_4$ 是一种强氧化剂，在不同酸度的溶液中，其氧化能力不同。

在强酸性溶液中，$KMnO_4$ 获得5mol电子被还原为 Mn^{2+}：

$$MnO_4^- + 8H^+ + 5e^- \rightleftharpoons Mn^{2+} + 4H_2O, \quad E^0 = 1.51V$$

在弱酸性、中性或弱碱性溶液中，$KMnO_4$ 获得3mol电子被还原为 MnO_2：

$$MnO_4^- + 2H_2O + 3e^- \rightleftharpoons MnO_2 + 4OH^-, \quad E^0 = 0.59V$$

在强碱性溶液中，MnO_4^- 获得1mol电子而被还原为 MnO_4^{2-}：

$$MnO_4^- + e^- \rightleftharpoons MnO_4^{2-}, \quad E^0 = 0.564V$$

利用高锰酸钾作为氧化剂的的滴定分析方法称为高锰酸钾法。该方法主要用于测定水中高锰酸盐指数，它是水质污染的重要指标之一。

5.5.1.1　高锰酸钾法的滴定方式

（1）直接滴定法。许多还原性物质，如 $Fe(Ⅱ)$、$As(Ⅲ)$、$Sb(Ⅲ)$、H_2O_2、$C_2O_4^{2-}$ 等还原性物质，可用 $KMnO_4$ 标准溶液直接滴定。

（2）返滴定法。有些氧化性物质，若不能用 $KMnO_4$ 溶液直接滴定，则可用返滴定法进行测定。例如，测定 MnO_2 含量时，可在 H_2SO_4 溶液中加入过量的 $Na_2C_2O_4$ 标准溶液，待 MnO_2 与 $C_2O_4^{2-}$ 完全反应后，再用 $KMnO_4$ 标准溶液返滴定过量的 $C_2O_4^{2-}$。

$$MnO_2 + C_2O_4^{2-} + 4H^+ \!=\!=\! Mn^{2+} + 2CO_2 + 2H_2O$$
（过量）
$$2MnO_4^- + 5C_2O_4^{2-} + 16H^+ \!=\!=\! 2Mn^{2+} + 10CO_2 + 8H_2O$$
（剩余）

（3）间接滴定法。对某些非氧化还原物质，若不能用 $KMnO_4$ 标准溶液直接滴定或返滴定，则可用间接滴定法进行测定。

例如，测定 Ca^{2+} 时，可先将 Ca^{2+} 沉淀为 CaC_2O_4，再用稀 H_2SO_4 将所得沉淀溶解，用 $KMnO_4$ 标准溶液滴定其中的 $C_2O_4^{2-}$，从而间接求得 Ca^{2+} 的含量。

高锰酸钾法的优点是氧化能力强，滴定无色或浅色溶液时，一般不需要外加指示剂。但 $KMnO_4$ 溶液不够稳定，易分解；特别是 $KMnO_4$ 的氧化能力强，可以和很多还原性物质发生作用，所以滴定的选择性差，干扰比较严重。因此，用 $KMnO_4$ 标准溶液时要注意：$KMnO_4$ 标准溶液应保存在暗处，使用前一定要标定；$KMnO_4$ 标准溶液不能保存在滴定管中；用 $KMnO_4$ 标准溶液滴定时，所用的酸、碱或蒸馏水中不得含有还原性物质。

5.5.1.2　$KMnO_4$ 标准溶液的配制与标定

$KMnO_4$ 标准溶液的配制与标定

（1）配制。纯的 $KMnO_4$ 溶液是相当稳定的。但因市面上销售的 $KMnO_4$ 试剂中含有微量的 MnO_2 和其他杂质，而且蒸馏水中也常含有微量的还原性物质，它们可与 MnO_4^- 发生缓慢的反应，生成 $MnO(OH)_2$ 沉淀，MnO_2 和 $MnO(OH)_2$ 又能进一步促进 $KMnO_4$ 分解。因此，不能用直接法配制 $KMnO_4$ 标准溶液。通常先配成近似浓度的溶液，然后再进行标定。配制时，先称取稍多于理论用量的 $KMnO_4$，溶于一定体积的蒸馏水中，加热至沸并保持微沸约 1h，放置 2～3 天，使溶液中存在的还原性物质完全氧化。再将过滤后的 $KMnO_4$ 溶液贮于棕色试剂瓶中。

特别注意：$KMnO_4$ 标准溶液不宜长期贮存。如果需要浓度较稀的 $KMnO_4$ 溶液，可用蒸馏水临时稀释和标定后使用，但不宜久存。

（2）标定。标定 $KMnO_4$ 溶液的基准物质较多，如 $Na_2C_2O_4$、As_2O_3、$H_2C_2O_4 \cdot 2H_2O$ 和纯铁丝等，其中以 $Na_2C_2O_4$ 较为常用，因为它易于提纯，性质稳定，不含结晶水。$Na_2C_2O_4$ 在 $105～110℃$ 烘干约 2h 后，冷却至室温就可以使用。在 H_2SO_4 溶液中，用 $KMnO_4$ 溶液滴定 $Na_2C_2O_4$ 标准溶液，MnO_4^- 与 $C_2O_4^{2-}$ 的反应如下：

$$2MnO_4^- + 5C_2O_4^{2-} + 16H^+ \Longleftrightarrow 2Mn^{2+} + 10CO_2\uparrow + 8H_2O \qquad (5.20)$$

为了使此反应能定量地迅速进行，应严格控制滴定条件。

1）温度。在室温下 MnO_4^- 与 $C_2O_4^{2-}$ 反应速度缓慢，因此常将溶液加热至 $70\sim85℃$ 进行滴定。若溶液的温度低于 $70℃$，反应速度较慢。若温度若高于 $90℃$，会使部分 $H_2C_2O_4$ 发生分解，导致结果偏低。通常用水浴加热控制反应温度。

2）酸度。为使滴定反应定量进行，须控制溶液酸度约为 $0.5\sim1mol/L$。酸度过低，会有部分 MnO_4^- 还原为 MnO_2，并有 $MnO_2\cdot H_2O$ 沉淀生成。酸度过高，会促进 $H_2C_2O_4$ 的分解。另外，控制酸度宜采用 H_2SO_4，若用 HCl 或 HNO_3，则由于 Cl^- 有一定的还原性，可能被 MnO_4^- 氧化，NO_3^- 有一定的氧化性，从而干扰测定。

3）催化剂。此滴定反应过程中 Mn^{2+} 起催化作用，所以滴定前，在溶液中加入几滴 $MnSO_4$，那么滴定一开始，反应速度就比较快。

4）指示剂。MnO_4^- 本身具有颜色，溶液中有稍微过量的 MnO_4^- 即可显示出粉红色，所以一般不必另加指示剂。

5）滴定速度。先慢后快。开始滴定时速度不宜太快，否则加入的 $KMnO_4$ 溶液来不及与 $C_2O_4^{2-}$ 反应，而在热的酸性溶液中发生分解，影响标定的准确度。

$$4MnO_4^- + 12H^+ =\!=\!= 4Mn^{2+} + 5O_2\uparrow + 6H_2O$$

随着滴定的进行，产物 Mn^{2+} 越来越多，由于 Mn^{2+} 的催化作用，使反应速度就逐渐加快，故滴定速度可加快。

6）滴定终点。不太稳定。这是因为空气中的还原性气体和灰尘都能与 MnO_4^- 缓慢作用，使 MnO_4^- 还原，故溶液中出现的粉红色逐渐消失。所以，一般出现的粉红色在 $0.5\sim1min$ 不褪，就可以认为已经到达滴定终点。

$KMnO_4$ 标准溶液的浓度可根据式（5.20）进行计算。

5.5.1.3　高锰酸盐指数及其测定

高锰酸盐指数曾称化学耗氧量，它是指 $1L$ 水中还原性有机（含无机）物质，在一定条件下被 $KMnO_4$ 氧化时所消耗的 $KMnO_4$ 的量，以 $mg\ O_2/L$ 表示。

自然界的水中存在着有机物质，它们有的是由于动植物腐烂分解后产生的，有的是由于受到污染造成的。这些有机物的存在，促使细菌大量繁殖，直接影响卫生。因而水中有机物含量的多少，在一定程度上反映了水体被污染的程度。含有大量有机物的水会变成黄色或黄褐色，显酸性，工业用水中若含这类物质会产生许多不利影响，如它对蒸汽锅炉有破坏作用，会影响并降低纺织、造纸、漂染等工业产品的质量。

我国《地表水环境质量标准》（GB 3838—2002）中依据地表水水域环境功能和保护目标，按功能高低将水质级别依次划分为五类：Ⅰ～Ⅴ，五类水质的高锰酸盐指数为 $2\sim12mgO_2/L$。

高锰酸盐指数的测定方法有酸性高锰酸钾法和碱性高锰酸钾法。下面主要介绍酸性高锰酸钾法。

1. 测定原理

将被测水样在酸性条件下加入过量的高锰酸钾标准溶液（一般加 $10.00mL$），并于沸水中加热反应一定时间（约 $10min$），使水中有机物充分被氧化。然后加入过量的 $Na_2C_2O_4$ 标准溶液还原剩余的 $KMnO_4$，最后再用 $KMnO_4$ 标准溶液回滴剩余的

$Na_2C_2O_4$，滴定至粉红色在 $0.5\sim1min$ 不褪为止。根据实验数据及有关反应方程式，计算出高锰酸盐指数。用 C 表示水中有机物等还原性物质，反应方程式如下：

$$4MnO_4^- + 5C + 12H_2O \Longrightarrow 4Mn^{2+} + 5CO_2\uparrow + 6H_2O \tag{5.21}$$

　　　（过量）（有机物）

$$5C_2O_4^{2-} + 2MnO_4^- + 16H^+ \Longrightarrow 2Mn^{2+} + 10CO_2\uparrow + 8H_2O \tag{5.22}$$

　　　（过量）（剩余）

$$2MnO_4^- + 5C_2O_4^{2-} + 16H^+ \Longrightarrow 2Mn^{2+} + 10CO_2\uparrow + 8H_2O \tag{5.23}$$

　　　（剩余）

要特别注意：式（5.22）和式（5.23）虽形式相同，但意义不尽相同。

计算公式如下（其过程请读者自己推导）：

$$水样的高锰酸盐指数(mgO_2/L) = \frac{[C_1(V_1+V_1') - C_2V_2]\times 8 \times 1000}{V_水} \tag{5.24}$$

式中　V_1——开始加入 $KMnO_4$ 标准溶液的量，mL；

　　　V_1'——最后滴定消耗 $KMnO_4$ 标准溶液的量，mL；

　　　V_2——加入 $Na_2C_2O_4$ 标准溶液的量，mL；

　　　C_1——$KMnO_4$ 标准溶液的浓度，$1/5KMnO_4$，mol/L；

　　　C_2——$Na_2C_2O_4$ 标准溶液的浓度，$1/2\ Na_2C_2O_4$，mol/L；

　　　8——氧的摩尔质量，$1/2O$，g/mol；

　　　$V_水$——水样的量，mL。

2. 高锰酸钾标准溶液的校正系数

在高锰酸盐指数实际测定中，常常引入 $KMnO_4$ 标准溶液的校正系数，其测定方法是：

将上述用 $KMnO_4$ 标准溶液滴定至粉红色不消失的水样，加热约70℃后，接着加入准确体积的 $Na_2C_2O_4$ 标准溶液（一般加 10.00mL），再用 $KMnO_4$ 标准溶液滴定至粉红色，记录消耗 $KMnO_4$ 标准溶液的量（V_2，mL），则 $KMnO_4$ 标准溶液的校正系数是

$$K = 10/V_2$$

引入 $KMnO_4$ 标准溶液的校正系数 K 后的计算公式是

$$水样的高锰酸盐指数(mgO_2/L) = \frac{[(10+V_1)K - 10]\times C \times 8 \times 1000}{V_水} \tag{5.25}$$

式中　V_1——滴定水样时，消耗 $KMnO_4$ 标准溶液的量，mL；

　　　K——$KMnO_4$ 标准溶液的校正系数；

　　　C——$KMnO_4$ 标准溶液的浓度，$1/5KMnO_4$，mol/L。

3. 酸性高锰酸钾法测定中的注意事项

（1）严格控制反应条件，如试剂的用量、加入试剂的次序、加热时间和温度等，特别是高锰酸钾标准溶液的标定。

（2）水样中 Cl^- 的浓度大于 300mg/L 时，发生诱导反应，使测定结果偏高。

$$4MnO_4^- + 10Cl^- + 16H^+ \Longrightarrow 2Mn^{2+} + 5Cl_2 + 8H_2O$$

为了防止这种干扰，可加 Ag_2SO_4 生成 $AgCl$ 沉淀，除去后再行测定；或加蒸馏水稀释，降低 Cl^- 浓度后再测定。

（3）若水样中含有等还原性物质，会使结果偏高，要注意校正。

碱性高锰酸钾法和酸性高锰酸钾法的原理基本相似，这里不再赘说。

高锰酸盐指数的测定方法只适用于较清洁的水样。

5.5.1.4 钙的测定

在一定条件下，将 Ca^{2+} 和 $C_2O_4^{2-}$ 完全反应生成 CaC_2O_4 沉淀，过滤洗涤后，将 CaC_2O_4 沉淀溶于热的稀 H_2SO_4 溶液中，最后用 $KMnO_4$ 标准溶液滴定 $H_2C_2O_4$，根据所消耗的 $KMnO_4$ 标准溶液的量，就能间接求得钙的含量。反应式如下：

$$Ca^{2+} + C_2O_4^{2-} =\!=\!= CaC_2O_4 \downarrow$$

$$CaC_2O_4 + 2H^+ =\!=\!= Ca^{2+} + H_2C_2O_4$$

$$5H_2C_2O_4 + 2MnO_4^- + 6H^+ =\!=\!= 2Mn^{2+} + 10CO_2 \uparrow + 8H_2O$$

在沉淀 Ca^{2+} 时为了获得颗粒较大的晶形沉淀，并保证 Ca^{2+} 与 $C_2O_4^{2-}$ 有 $1:1$ 的关系，通常是在 Ca^{2+} 的试液中先加盐酸酸化，再加入 $(NH_4)_2C_2O_4$。要特别注意控制溶液的 pH 值为 $3.5 \sim 4.5$，这样不仅可以避免 $Ca(OH)_2$ 或 $(CaOH)_2C_2O_4$ 沉淀的生成，而且所得到的 CaC_2O_4 沉淀也便于过滤和洗涤。

5.5.2 重铬酸钾法及其应用

重铬酸钾（$K_2Cr_2O_7$）是橙红色晶体，溶于水，很稳定。在酸性条件下与还原剂作用，$Cr_2O_7^{2-}$ 得到 6 个电子而被还原为 Cr^{3+}：

$$Cr_2O_7^{2-} + 14H^+ + 6e^- \rightleftharpoons 2Cr^{3+} + 7H_2O \qquad E^0 = 1.33V$$

由 E^0 值可见，$K_2Cr_2O_7$ 的氧化能力比 $KMnO_4$ 稍弱些，但它仍然是一种较强的氧化剂。利用重铬酸钾作氧化剂的滴定法称为重铬酸钾法。

5.5.2.1 重铬酸钾法的特点

重铬酸钾法只能在酸性条件下使用，和高锰酸钾法相比，它有如下特点。

（1）固体 $K_2Cr_2O_7$ 稳定，易于提纯，可以直接配制 $K_2Cr_2O_7$ 标准溶液。

（2）$K_2Cr_2O_7$ 标准溶液相当稳定，只要保存在密闭容器中，浓度可长期保持不变。

（3）重铬酸钾在有硫酸银作催化剂、加热回流等条件下，能将水中绝大部分有机物和无机物氧化，适合于生活污水和工业废水的分析。。

（4）需要使用指示剂。

5.5.2.2 化学需氧量及其测定

化学需氧量（Chemical Oxygen Demand，简称 COD）是指在一定条件下，1L 水中能被 $K_2Cr_2O_7$ 氧化的所有有机物质的总量，以 mgO_2/L 表示。化学需氧量反映了水体中受还原性物质污染的程度。水中还原性物质包括有机物、亚硝酸盐、亚铁盐和硫化物等。水被有机物污染是很普遍的，因此化学需氧量也是有机物相对含量的重要指标之一。

（1）化学需氧量的测定原理。水样在强酸性条件下，用过量的 $K_2Cr_2O_7$ 标准溶液与水中有机物等还原性物质反应后，以试亚铁灵（即邻二氮菲亚铁）为指示剂，用 $(NH_4)_2Fe(SO_4)_2$ 标准溶液返滴剩余的 $K_2Cr_2O_7$，计量点时，溶液由浅蓝色变为红色指示滴定终点，根据 $(NH_4)_2Fe(SO_4)_2$ 标准溶液的用量可求出化学需氧量（COD，mgO_2/L）。用 C 表示水中有机物等还原性物质，反应式如下：

$$2Cr_2O_7^{2-} + 3C + 16H^+ \Longrightarrow 4Cr^{3+} + 3CO_2 + 7H_2O$$

（过量） （有机物）

$$6Fe^{2+} + Cr_2O_7^{2-} + 14H^+ \Longrightarrow 6Fe^{3+} + 2Cr^{3+} + 7H_2O$$

（剩余）

计量点时 $\qquad Fe(C_{12}H_8N_2)_3^{3+} \rightarrow Fe(C_{12}H_8N_2)_3^{2+}$

蓝色 红色

由于 $K_2Cr_2O_7$ 溶液呈橙黄色，产物 Cr^{3+} 呈绿色，所以用 $(NH_4)_2Fe(SO_4)_2$ 溶液返滴定过程中，溶液颜色的变化为橙黄色→蓝绿色→蓝色，滴定终点时立即由蓝色变为红色。

同时取无有机物蒸馏水做空白试验（以扣除水样中其他氧化性物质对 Fe^{2+} 的消耗）。计算公式为

$$COD(mgO_2/L) = \frac{(V_0 - V_1) \times C \times 8 \times 1000}{V_水} \qquad (5.26)$$

式中 V_0——空白试验消耗 $(NH_4)_2Fe(SO_4)_2$ 标准溶液的量，mL；

$\qquad V_1$——滴定水样时消耗 $(NH_4)_2Fe(SO_4)_2$ 标准溶液的量，mL；

$\qquad C$——硫酸亚铁铵标准溶液的浓度，$(NH_4)_2Fe(SO_4)_2$，mol/L；

$\qquad 8$——氧的摩尔质量，$1/2O$，g/mol；

$\qquad V_水$——水样的量，mL。

（2）化学需氧量的测定方法。见实验 8，这里不再赘说。

5.5.2.3 Fe^{2+} 和 Fe^{3+} 的测定

（1）Fe^{2+} 的测定。Fe^{2+} 可用 $K_2Cr_2O_7$ 标准溶液直接滴定，以试亚铁灵作指示剂，溶液由浅蓝色变为红色指示滴定终点。

$$6Fe^{2+} + Cr_2O_7^{2-} + 14H^+ \Longrightarrow 6Fe^{3+} + 2Cr^{3+} + 7H_2O$$

计量点时 $\qquad Fe(C_{12}H_8N_2)_3^{3+} \rightarrow Fe(C_{12}H_8N_2)_3^{2+}$

蓝色 红色

（2）Fe^{3+} 的测定。Fe^{3+} 可先用过量的 $SnCl_2$ 还原 Fe^{2+}，再用 $K_2Cr_2O_7$ 标准溶液滴定，用二苯胺磺酸钠作指示剂，终点时，溶液由无色变为紫红色；以试亚铁灵为指示剂，终点时，溶液由浅蓝色变为红色。

5.5.3 碘量法及其应用

5.5.3.1 碘量法

碘量法是利用 I_2 的氧化性或 I^- 的还原性来进行滴定的方法，广泛用于水中溶解氧（DO）、生物化学需氧量（BOD_5^{20}）、臭氧、余氯、二氧化氯（ClO_2）以及水中有机物和无机物还原性物质（如 S^{2-}、SO_3^{2-}、$S_2O_3^{2-}$、Sn^{2+} 等）的测定。

因为固体 I_2 在水中的溶解度很小（0.0013mol/L），但 I_2 易溶于 KI 溶液中，这

时 I_2 在 KI 溶液中以 I_3^- 形式存在, 即

$$I_2 + 2I^- \rightleftharpoons I_3^-$$

为方便起见, 一般简写成 I_2, 其半反应式为

$$I_2 + 2e^- \rightleftharpoons 2I^-, \quad E_{I_2/I^-}^0 = 0.545V$$

根据电对的电极电位的数值可知, I^- 是中等强度的还原剂。所以在酸性溶液中, 碘化钾 KI 与水样中氧化性物质反应, 定量释放出 I_2, 以淀粉为指示剂, 用 $Na_2S_2O_3$ 标准溶液滴定至蓝色消失为滴定终点。根据 $Na_2S_2O_3$ 标准溶液的用量, 间接求出水中氧化性物质的含量。基本反应式为

$$I_2 + 2e^- \rightleftharpoons 2I^-$$

$$2S_2O_3^{2-} + I_2 \rightleftharpoons 2I^- + S_4O_6^{2-}$$

连四硫酸盐

5.5.3.2 碘量法的滴定方式

（1）直接碘量法。电极电位小于 E_{I_2/I^-}^0 的还原性物质, 可以直接用 I_2 标准溶液进行滴定, 这种方法称为直接碘量法。例如, 硫化物在酸性溶液中能被 I_2 所氧化, 其反应式为

$$S^{2-} + I_2 \rightleftharpoons S + 2I^-$$

利用直接碘法可以测定 S^{2-}、As^{3+}、As_2O_3、$S_2O_3^{2-}$、Sn^{2+} 等还原物质。但是, 直接碘量法不能在碱性溶液中进行, 当溶液的 pH>8 时, 部分 I_2 要发生歧化反应, 即

$$3I_2 + 6OH^- \rightleftharpoons IO_3^- + 5I^- + 3H_2O$$

从而给测定带来误差。在酸性溶液中也只有少数还原能力强而不受 H^+ 浓度影响的物质才能发生定量反应, 又由于碘的标准电极电位不高, 所以直接碘量法受到限制。

（2）间接碘量法。它是利用 $Na_2S_2O_3$ 标准溶液间接滴定碘化钾 （I^-）被氧化并定量析出的 I_2, 求出氧化性物质含量的方法。这些氧化性物质有氯 （Cl_2）、次氯酸盐 （ClO^-）、二氧化氯 （ClO_2）、亚氯酸盐 （ClO_2^-）、氯酸盐 （ClO_3^-）、臭氧 （O_3）、H_2O_2、Fe^{3+}、Cu^{2+}、IO_3^-、AsO_4^{3-}、$Cr_2O_7^{2-}$、NO_2^- 等。也可用 $Na_2S_2O_3$ 标准溶液间接滴定过量碘标准溶液与有机物反应完全后剩余的 I_2, 求出有机化合物等还原性物质的含量。

5.5.3.3 碘量法的反应条件

（1）控制溶液的酸度。I_2 与 $S_2O_3^{2-}$ 之间的反应必须在中性或弱酸性溶液中进行。如果在碱性溶液中, I_2 与 $S_2O_3^{2-}$ 会发生如下副反应：

$$S_2O_3^{2-} + 4I_2 + 10OH^- \rightleftharpoons 2SO_4^{2-} + 8I^- + 5H_2O$$

在碱性溶液中 I_2 还会发生歧化反应。若在强酸性溶液中, $Na_2S_2O_3$ 溶液会发生分解, 其反应为

$$S_2O_3^{2-} + 2H^+ \rightleftharpoons S\downarrow + SO_2\uparrow + H_2O$$

（2）防止 I_2 的挥发和 I^- 的氧化。I_2 易挥发, 但是 I_2 在 KI 溶液中与 I^- 形成 I_3^-,

可减少 I_2 的挥发。室温下，溶液中含有 4％ 的 KI，则可忽略 I_2 的挥发。含 I_2 的溶液应在碘量瓶或带塞的玻璃瓶容器中暗处保存。

在酸性溶液中 I^- 缓慢地被空气中 O_2 氧化成 I_2。

$$4I^- + O_2 + 4H^+ \Longrightarrow 2I_2 + 2H_2O$$

在中性溶液中，上述反应极慢，反应速度随 $[H^+]$ 的增加而加快，而且日光照射、微量 NO_2^-、Cu^{2+} 等都能催化此氧化反应。因此，为避免空气中的 O_2 对 I^- 的氧化产生滴定误差，要求对析出后的 I_2 立即滴定，且滴定速度也应适当加快，切勿放置过久。

（3）注意指示剂的使用。一般在接近滴定终点前才加入淀粉指示剂。若加入太早，则大量的 I_2 与淀粉结合成蓝色物质，这部分碘就不容易与 $Na_2S_2O_3$ 反应，而引起滴定误差。

5.5.3.4　滴定终点的确定

碘量法的滴定终点常用无分枝的淀粉指示剂确定。在少量的 I^- 存在下，I_2 与淀粉反应形成蓝色吸附配合物；没有 I_2 时，则溶液是无色。根据溶液中蓝色的出现或消失来指示滴定终点。淀粉指示剂一般用 1％ 的淀粉水溶液，最好用新鲜配制的淀粉溶液，切勿放置过久。否则，产生有分枝的淀粉与 I_2 的吸附配合物呈紫色或紫红色，用 $Na_2S_2O_3$ 标准溶液滴定时，终点不敏锐。

5.5.3.5　$Na_2S_2O_3$ 标准溶液和 I_2 标准溶液

1．$Na_2S_2O_3$ 标准溶液

硫代硫酸钠（$Na_2S_2O_3 \cdot 5H_2O$）一般都含有少量 S、Na_2SO_3、Na_2SO_4、Na_2CO_3、NaCl 等杂质，且易风化、潮解。因此只能先配制成近似浓度的溶液，然后进行标定。

配制：间接配制法。称取需要量的 $Na_2S_2O_3 \cdot 5H_2O$，溶于新煮沸且冷却的蒸馏水中，这样可除去 CO_2 并灭菌，加入少量 Na_2CO_3 和数粒碘化汞使溶液保持微碱性，可抑制微生物生长，防止 $Na_2S_2O_3$ 分解。配制的 $Na_2S_2O_3$ 溶液应贮于棕色瓶中，放置暗处，1～2 周后再进行标定。长时间保存的 $Na_2S_2O_3$ 标准溶液，应定期加以标定。若发现溶液变浑浊或有硫析出，要过滤后再标定其浓度，或重新配制。

标定：采用间接碘量法。标定 $Na_2S_2O_3$ 标准溶液时，常用的基准物质有 $K_2Cr_2O_7$、KIO_3、$KBrO_3$ 等，它们在弱酸性溶液中，与过量 KI 反应而析出等化学计量的 I_2：

$$Cr_2O_7^{2-} + 6I^- + 14H^+ \Longrightarrow 3I_2 + Cr^{3+} + 7H_2O$$
$$IO_3^- + 5I^- + 6H^+ \Longrightarrow 3I_2 + 3H_2O$$
$$BrO_3^- + 6I^- + 6H^+ \Longrightarrow 3I_2 + 3H_2O + Br^-$$

以淀粉为指示剂，用 $Na_2S_2O_3$ 标准溶液（近似浓度）滴定至蓝色消失：

$$2S_2O_3^{2-} + I_2 \Longrightarrow 2I^- + S_4O_6^{2-}$$

计算：

$$C_{Na_2S_2O_3}(mol/L) = \frac{C_{K_2Cr_2O_7} \times V_1}{V_2} \qquad (5.27)$$

式中 $C_{K_2Cr_2O_7}$——$K_2Cr_2O_7$ 标准溶液的浓度，$1/6\ K_2Cr_2O_7$，mol/L；

   $C_{Na_2S_2O_3}$——$Na_2S_2O_3$ 标准溶液的浓度，$Na_2S_2O_3$，mol/L；

    V_1——$K_2Cr_2O_7$ 标准溶液的量，mL；

    V_2——消耗 $Na_2S_2O_3$ 标准溶液的量，mL。

用 $K_2Cr_2O_7$ 为基准物标定 $Na_2S_2O_3$ 溶液时应注意以下几点。

（1）$K_2Cr_2O_7$ 与 KI 反应时，溶液的酸度一般以 $0.2\sim0.4$ mol/L 为宜。如果酸度太大，I^- 易被空气中的 O_2 氧化；酸度过低，则 $Cr_2O_7{}^{2-}$ 与 I^- 反应较慢。

（2）由于 $K_2Cr_2O_7$ 与 KI 反应速率较慢，应将溶液放置暗处 $3\sim5$ min，待完全反应后，再以 $Na_2S_2O_3$ 溶液滴定。

（3）以淀粉为指示剂时，应先以 $Na_2S_2O_3$ 溶液滴定至呈浅黄色（大部分 I_2 已作用），然后加入淀粉，用 $Na_2S_2O_3$ 溶液继续滴定至蓝色恰好消失，即为滴定终点。

（4）滴定前，应先用蒸馏水稀释。一是降低酸度，减少空气中 O_2 对 I^- 的氧化，二是使 Cr^{3+} 的绿色减弱，便于观察滴定终点。若滴定至溶液从蓝色转变为无色后，又很快出现蓝色，这表明 $K_2Cr_2O_7$ 与 KI 反应还不完全，应重新标定；若滴定到终点后，经过几分钟，溶液才出现蓝色，这是由于空气中的 O_2 对 I^- 氧化所引起的，不影响标定的结果。

（5）KI 试剂不应含有 KIO_3（或 I_2）。一般 KI 溶液无色，如显黄色，则先将 KI 溶液酸化，再加入淀粉指示剂显蓝色，用 $Na_2S_2O_3$ 溶液滴定至刚好为无色后再使用。

2. I_2 标准溶液

配制：由于 I_2 挥发性强，准确称量有一定困难，所以一般是用纯碘试剂与过量 KI 共置于研钵中加少量水研磨，待溶解后再稀释到一定体积，配制成近似浓度的溶液，然后再进行标定。I_2 溶液应避免与橡皮接触，并防止日光照射、受热等。

标定：用 $Na_2S_2O_3$ 标准溶液标定（直接碘量法）。也可用 As_2O_3（俗名砒霜、剧毒）作基准物质标定。

5.5.3.6 溶解氧及其测定

1. 溶解氧（Dissolved Oxygen，简称 DO）

溶解于水中的氧称为溶解氧，用 DO 表示，单位为 mgO_2/L。天然水溶解氧的饱和含量与空气中氧的分压、大气压力、水的温度及水中的含盐量关系密切。一般大气压减少，温度升高，水中含盐量增加，都会使水中溶解氧减少，特别是温度的影响最为明显。

2. 溶解氧的测定原理

先在水样中加入 NaOH 和 $MnSO_4$，水中的 O_2 和 Mn^{2+} 反应生成水合氧化锰，其化学式为 $MnO(OH)_2$，棕色沉淀，这样就把水中全部溶解氧固定起来；然后在酸性条件下，$MnO(OH)_2$ 与 KI 作用，释放出等化学计量的 I_2；最后以淀粉为指示剂，用 $Na_2S_2O_3$ 标准溶液滴定至蓝色消失，指示终点到达。根据 $Na_2S_2O_3$ 标准溶液的消耗量，计算水中溶解氧的含量。其主要反应如下：

$$Mn^{2+} + 2OH^- \rightleftharpoons Mn(OH)_2 \downarrow$$
$$（白色）$$
$$Mn(OH)_2 + 1/2 O_2 \rightleftharpoons MnO(OH)_2 \downarrow$$
$$（棕色）$$
$$MnO(OH)_2 + 2I^- + 4H^+ \rightleftharpoons Mn^{2+} + I_2 + 3H_2O$$
$$I_2 + 2S_2O_3^- \rightleftharpoons 2I^- + S_4O_6^-$$

计算：
$$DO(mgO_2/L) = \frac{C \times V \times 8 \times 1000}{V_{水}} \tag{5.28}$$

式中　DO——水中溶解氧，mgO_2/L；

　　　　C——硫代硫酸钠标准溶液的浓度，$Na_2S_2O_3$，mol/L；

　　　　V——$Na_2S_2O_3$ 标准溶液的消耗量，mL；

　　　　8——氧的摩尔质量，$1/2O$，g/mol；

　　　　$V_{水}$——水样的量，mL。

3. DO 测定中的注意事项

（1）碘量法测定溶解氧，适用于清洁的地面水和地下水。若水样中有 Fe^{2+}、Fe^{3+}、S^{2-}、NO_2^-、SO_3^{2-}、Cl_2 及各种有机物等氧化还原性物质时将影响测定结果。其中氧化性物质可使碘化物游离出 I_2，产生正干扰；某些还原性物质把 I_2 还原成 I^-，产生负干扰。所以大部分受污染的地面水和工业废水中溶解氧的测定，必须采用修正的碘量法或膜电极法测定。

（2）水样中同时有 Fe^{2+}、S^{2-}、NO_2^-、SO_3^{2-} 等还原性物质时，且 Fe^{2+} 的浓度大于 1mg/L 时，采用 $KMnO_4$ 修正法。即：水样预先在酸性条件下，用 $KMnO_4$ 处理，剩余的 $KMnO_4$ 再用 $H_2C_2O_4$ 除去。

（3）当水样中 NO_2^- 的含量大于 0.05mg/L，Fe^{2+} 的含量小于 1mg/L，NO_2^- 干扰测定。NO_2^- 在酸性溶液中，与 I^- 作用放出 I_2 和 N_2O_2，从而引起误差。如果 N_2O_2 与新溶入的 O_2 继续作用又形成 NO_2^-，并又将释放出更多的 I_2，如此循环，将引起更大的误差。

$$2NO_2^- + 2I^- + 4H^+ \rightleftharpoons I_2 + N_2O_2 + 2H_2O$$
$$2N_2O_2 + 2H_2O + O_2 \rightleftharpoons 4NO_2^- + 4H^+$$

如果水样加入叠氮化钠 NaN_3，可消除 NO_2^- 的干扰，这种方法称为叠氮化钠修正法。具体方法是：将水中溶解氧固定之后，在水样瓶中加入数滴 5% NaN_3 溶液；或者在配制碱性 KI 溶液时，把 1% NaN_3 和碱性 KI 同时加入，然后加 H_2SO_4（使棕色沉淀物全部溶解），其他同普通碘量法。其反应为

$$2NaN_3 + H_2SO_4 \rightleftharpoons 2HN_3 + Na_2SO_4$$
$$HN_3 + HNO_2 \rightleftharpoons N_2 + N_2O + H_2O$$

（4）水样中干扰物质较多，色度又高时，采用碘量法有困难，可用膜电极法测定。氧敏感薄膜电极检测部件由原电池型 Ag-Pt 电极组成，其电解质溶液为 1mol/L KOH，膜用聚氯乙烯或聚四氟乙烯制成。其测定原理是：将膜电极置于水样中，其中可溶性杂质和水不能通过薄膜，只有 O_2 和其他气体透过薄膜，进入检测部件并与电极发生

化学反应，O_2 在电极上还原，产生微弱的扩散电流。回路中即有电流产生，其电流大小与水中 DO 成正比，即可求得 DO 的含量。该方法操作简便快速，可以进行连续检测，适合于现场测定。

5.5.3.7　生物化学需氧量的测定

1. 生物化学需氧量

在规定条件下，微生物分解水中的有机物所进行的生物化学过程中所消耗的溶解氧的量称为生物化学需氧量，用 BOD 表示，单位为 mgO_2/L。利用水中有机物在好氧微生物的作用下所消耗的氧，来间接表示水中有机物的含量。因此，生物化学需氧量是水体有机物污染的综合指标之一。

2. BOD_5^{20}

各国规定用 5 天作为 BOD 测定时的标准时间，20℃为标准温度。即将水样在 $20\pm1℃$下培养 5 天，培养前后溶解氧之差就是生物化学需氧量，用 BOD_5^{20} 表示。

BOD_5^{20} 的测定见实验 10。

5.5.3.8　饮用水中的余氯

1. 饮用水中的余氯

在饮用水氯消毒过程中，以液氯为消毒剂，液氯（Cl_2）与水中还原性物质或细菌等微生物作用之后，剩余在水中的氯量称为余氯，它包括游离性余氯（或游离性有效氯）和化合性余氯（或化合性有效氯）。

游离性有效氯：包括次氯酸 HOCl 和次氯酸盐（OCl^-）。

化合性有效氯：它实际上是一种复杂的无机氯胺（NH_xCl_y）和有机氯胺（RN-Cl_z）的混合物（式中 x、y、z 为 0～3 的数值）。若原水中含有 $NH_3 \cdot H_2O$，则加入氯以后便生成一氯胺 NH_2Cl、二氯胺 $NHCl_2$ 和三氯胺 NCl_3 等。此时，游离性有效氯和化合性有效氯同时存在于水中，因此，测定饮用水中的余氯包括游离性余氯和化合性余氯这两部分。

我国饮用水的出厂水要求游离性余氯大于 0.3mg/L；管网水中游离性余氯大于 0.05mg/L。

2. 测定原理

水中的余氯在酸性溶液中与 KI 发生反应，释放出等化学计量的 I_2，用淀粉作为指示剂，用 $Na_2S_2O_3$ 标准溶液滴定至蓝色消失。由消耗的 $Na_2S_2O_3$ 标准溶液的用量求出水中的余氯。其主要反应如下：

$$I^- + CH_3COOH \longrightarrow CH_3COO^- + HI$$
$$2HI + HOCl \longrightarrow I_2 + H^+ + Cl^- + H_2O$$
$$E^0_{HOCl/Cl^-} = 1.49V, \quad E^0_{I_2/I^-} = 0.545V$$
$$I_2 + 2S_2O_3^{2-} \longrightarrow 2I^- + S_4O_6^{2-}$$
$$E^0_{S_4O_6^{2-}/S_2O_3^{2-}} = 0.08V$$

本法测定的为总余氯。

水样中如果含有 NO_2^-、Fe^{3+}、Mn（Ⅳ）时，干扰测定。但用乙酸缓冲溶液缓冲 pH 在 3.5～4.2 范围内，可减少上述物质干扰。

计算：

$$余氯(Cl_2, mg/L) = \frac{C_{Na_2S_2O_3} \times V_1 \times 35.453 \times 1000}{V_水} \tag{5.29}$$

式中　$C_{Na_2S_2O_3}$——Na$_2$S$_2$O$_3$ 标准溶液的浓度，Na$_2$S$_2$O$_3$，mol/L；

　　　V_1——Na$_2$S$_2$O$_3$ 标准溶液的用量，mL；

　　　$V_水$——水样的量，mL；

　　　35.453——氯的摩尔质量，1/2Cl$_2$，g/mol。

5.5.3.9　水中臭氧 O$_3$ 的测定

臭氧 O$_3$ 略溶于水，在标准压力和温度下，其溶解度比 O$_2$ 大 13 倍。20℃时，O$_3$ 在自来水或蒸馏水中的半衰期大约是 20min；在较低温度下，它的半衰期更长。但在含有杂质的水溶液中，O$_3$ 迅速分解为 O$_2$。

臭氧 O$_3$ 是一种优良的强化剂，在水处理中用于消毒、除色、除嗅以及除铁、除锰、去除有机物和改善水质等方面发挥了重要作用。

1. O$_3$ 的测定原理

将溶解水中的 O$_3$ 从溶液中吹脱至超过量的 KI 溶液中，I$^-$ 被定量地氧化成 I$_2$，O$_3$ 被还原成 O$_2$。基本反应式如下：

$$O_3 + 2H^+ + 2e^- \Longrightarrow O_2 + H_2O \quad E^0_{O_3/O_2} = 2.07V$$

$$O_3 + 2I^- + H_2O \longrightarrow O_2 + I_2 + 2OH^-$$

然后在酸性溶液中 pH < 2.0，以淀粉为指示剂，用 Na$_2$S$_2$O$_3$ 标准溶液滴定至蓝色消失。根据 Na$_2$S$_2$O$_3$ 标准溶液的消耗量，计算水中剩余 O$_3$ 的含量。

计算：

$$O_3(mg/L) = \frac{(V_1 \pm V_0) \times C_{Na_2S_2O_3} \times 24 \times 1000}{V_水} \tag{5.30}$$

式中　V_1——滴定水样消耗 Na$_2$S$_2$O$_3$ 标准溶液的量，mL；

　　　V_0——空白试验消耗 Na$_2$S$_2$O$_3$ 标准溶液的量，mL；

　$C_{Na_2S_2O_3}$——硫代硫酸钠标准溶液的浓度，Na$_2$S$_2$O$_3$，mol/L；

　　　24——O$_3$ 的摩尔质量，1/2O$_3$，g/mol；

　　　$V_水$——水样的量，mL。

2. O$_3$ 测定中的注意事项

（1）通过空白试验，来校正水样滴定结果中由试剂杂质（如 KI 中的游离碘 I$_2$ 或碘酸盐（IO$_3^-$）或能还原游离碘的微量还原性物质所引起的误差。前者为负（—），后者为正（＋）。

（2）水中剩余 O$_3$ 很不稳定，所以水样不能保存或贮存，必须立即进行测定。在低温和低酸度时，能增高 O$_3$ 的稳定性。采集水样时，要尽量减少充气。

（3）吸收 O$_3$ 时须使溶液呈碱性。KI 溶液吸收 O$_3$ 后很快变为碱性，故不需要进行缓冲。但由于 I$_2$ 的还原和 I$^-$ 的氧化比较容易，对其他氧化性或还原性物质的干扰都非常敏感，所以水中 O_3 的浓度小于 $1mg/L$ 时，需用 $0.1mol/L$ 硼酸缓冲溶液以避免引起误差。

（4）通过吸收 O_3 的 KI 溶液与水样直接加 KI 溶液的滴定比较，判断是否有干扰性的氧化性物质存在。如果有干扰测定的氧化性物质（如 Fe^{3+}、Cl_2 等），则需将水样中 O_3 用惰性气体（如 N_2）吹脱至 KI 溶液中进行测定；如果没有干扰或干扰很小，就不需要用惰性气体吹脱 O_3 至 KI 溶液。

5.5.4 溴酸钾法及其应用

利用溴酸钾作氧化剂的滴定方法为溴酸钾法。

$KBrO_3$ 在酸性溶液中与还原性物质作用，BrO_3^- 被还原为 Br^-，其半反应为

$$BrO_3^- + 6H^+ + 6e^- \Longrightarrow Br^- + 3H_2O，E^0_{BrO_3^-/Br^-} = 1.44V$$

$KBrO_3$ 易从水溶液中重结晶而提纯，在 $180℃$ 烘干后，就可以直接称量配制成 $KBrO_3$ 标准溶液。$KBrO_3$ 溶液的浓度也可以用碘量法进行标定。一定量的 $KBrO_3$ 在酸性溶液中和过量的 KI 反应而析出 I_2：

$$BrO_3^- + 6I^+ + 6e^- \Longrightarrow Br^- + 3I_2 + 3H_2O$$

析出的 I_2 可用 $Na_2S_2O_3$ 标准溶液滴定，以淀粉作指示剂。

凡是能与 $KBrO_3$ 迅速反应的物质，如 As（Ⅲ）、Sb（Ⅲ）、Sn^{2+}、Tl^+、Cu^+、联胺 NH_2NH_2 等，可用直接滴定法测定。在酸性溶液中，以甲基橙为指示剂，用 $KBrO_3$ 标准溶液直接滴定上述还原性物质；计量点时，微过量的 $KBrO_3$ 将甲基橙氧化而退色，指示滴定终点到达。但由于 $KBrO_3$ 与还原性物质反应速度很慢，必须缓慢进行滴定，因此实际应用不多。

实际应用较多的是溴酸钾法与碘量法联合使用。通常将 $KBrO_3$ 标准溶液和过量 KBr 的混合溶液作为标准溶液，$KBrO_3 - KBr$ 溶液十分稳定，只是在酸性溶液中发生反应：

$$BrO_3^- + 5\ Br^- + 6H^+ \Longrightarrow 3Br_2 + 3H_2O$$

因此，$KBrO_3$ 标准溶液就相当于 Br_2 标准溶液。

溴酸钾法主要用于水中苯酚等有机化合物的测定。

测定水中苯酚过程如下：

水样酸化后，加入一定过量的 $KBrO_3 - KBr$ 标准溶液，使苯酚和过量的 Br_2 完全反应后，用 KI 还原剩余的 Br_2，析出 I_2。

$$Br_2 + 2I^- \Longrightarrow 2Br^- + I_2$$

然后用 $Na_2S_2O_3$ 标准溶液滴定析出的 I_2 的量。

计算：

$$苯酚(mg/L) = \frac{\left(\frac{1}{3}C_{KBrO_3}V_{KBrO_3} - \frac{1}{6}C_{Na_2S_2O_3}V_{Na_2S_2O_3}\right) \times 94.11 \times 1000}{V_{水}} \quad (5.31)$$

式中　C_{KBrO_3}——KBrO$_3$ 标准溶液的浓度，KBrO$_3$，mol/L；

$C_{Na_2S_2O_3}$——Na$_2$S$_2$O$_3$ 标准溶液的浓度，Na$_2$S$_2$O$_3$，mol/L；

V_{KBrO_3}——消耗 KBrO$_3$ 标准溶液的量，mL；

$V_{Na_2S_2O_3}$——消耗 Na$_2$S$_2$O$_3$ 标准溶液的量，mL；

94.11——苯酚的摩尔质量，C$_6$H$_5$OH，g/moL；

$V_{水}$——水样的量，mL。

水样中如果有其他酚类，则测定的是苯酚的相对含量。

任务5.6　水中有机污染物综合指标简介

水中有机物污染综合指标反映了水中有机物的相对含量和总污染程度。这些综合指标主要有高锰酸盐指数、COD、BOD_5^{20}、总有机碳 TOC、总需氧量 TOD、活性炭氯仿萃取物 CCE 和紫外吸光值 UVA 等。

5.6.1　高锰酸盐指数、COD 和 BOD_5^{20}

高锰酸盐指数、化学需氧量 COD 和生物化学需氧量 BOD_5^{20} 都是间接地表示水中有机物污染综合指标。前两者是在规定条件下，水中有机物被 KMnO$_4$、K$_2$Cr$_2$O$_7$ 氧化所需氧量（mgO$_2$/L），两者都不能反映出被微生物氧化分解的有机物的量；后者是在有溶解氧的条件下，可分解的有机物被微生物氧化分解所需的氧量（mgO$_2$/L），但由于微生物的氧化能力有限，也不能反映全部微生物的总量。因此，这些有机物污染综合指标只能表示水中有机物质的相对数量。但是，在尚无其他方法和适宜手段时，这些有机物污染综合指标仍然是水质分析、水污染控制的重要方法和评价参数。

5.6.2　总有机碳 TOC

总有机碳 TOC 表示水体中有机物总的碳含量，单位为 mgC/L。TOC 标志着水中有机物的含量，反映了水中总有机物污染程度，是水中有机物污染综合指标之一。

5.6.3　总需氧量 TOD

总需氧量 TOD 是指水中有机物和还原性无机物在高温下燃烧生成稳定的氧化物时的需氧量，用 TOD 表示，单位为 mgO$_2$/L。

5.6.4　活性炭氯仿萃取物 CCE

活性炭氯仿萃取物 CCE 是表示水中有机物污染程度的一项综合指标。CCE 主要用于监测水中总有机物浓度，尤其对含有臭味、有毒有害有机物的水质评价来说很有意义。

5.6.5　污水的相对稳定度

污水的相对稳定度是粗略地表示水中有机物含量多少的又一指标。污水中氧的储备量（包括 DO、NO$_3^-$ 等）与此污水某一时刻的 BOD 的百分比，即为污水的相对稳定度。污水的相对稳定度越低，表明污水中有机物的数量越多。

5.6.6 紫外吸光度 *UVA*

上述表示方法，由于水的种类、操作方法、氧化剂种类不同而得到不同值。尤其对低浓度的有机污染物的分析测量往往产生一些困难。而采用紫外线吸光度 *UVA* 作为新的有机物污染综合指标将具有普遍意义。

由于生活污水、工业废水尤其石油废水的排放，使天然水体中含有许多有机污染物。这些有机污染物，尤其含有芳香烃和双键或羰基的共轭体系，在紫外光区都有强烈的吸收。对特定水系来说，其所含物质组成一般变化不大，所以，可用紫外吸光度作为评价水质有机污染的综合指标。

思 考 题 与 习 题

项目 5 答案

1. 氧化还原反应受哪些因素的影响？

2. 举例说明影响氧化还原反应速度的因素。

3. 判断氧化还原反应能否进行完全的依据是什么？

4. 什么叫氧化还原滴定法？常见的氧化还原滴定法有哪几种？

5. 氧化还原滴定分析中常用的指示剂有哪些？

6. 什么叫高锰酸盐指数和化学需氧量？

7. 碘量法主要误差来源有哪些？为什么碘量法不适于在低 pH 或高 pH 条件下进行？

8. 用标准电极电位判断下列氧化还原反应进行的方向。

（1） $Zn + Fe^{2+} \rightleftharpoons Zn^{2+} + Fe$

（2） $2I^- + Br_2 \rightleftharpoons 2Br^- + I_2$

（3） $2Cl^- + 2Fe^{3+} \rightleftharpoons 2Fe^{2+} + Cl_2$

（4） $I_2 + 2Cl^- \rightleftharpoons Cl_2 + 2I^-$

9. 在 $[H^+] = 1mol/L$ 时，AsO_4^{3-} 能氧化 I^- 析出 I_2，而 pH＝8 时，I_2 却能滴定 AsO_3^{3-} 生成 AsO_4^{3-}，何故？假设 $[AsO_4^{3-}] = [AsO_3^{3-}]$。

10. 用 12.05mL 0.1010mol/L NaOH 溶液滴定 $KHC_2O_4 \cdot H_2O$ 的量，可恰好被 24.50mL $KMnO_4$ 溶液氧化，求 $KMnO_4$ 的浓度（$1/5KMnO_4$，mol/L）。

11. 准确称取 0.1500g $K_2Cr_2O_7$，用直接法配成 100mL 的标准溶液，然后加 KI，在酸性溶液中用 $Na_2S_2O_3$ 标准溶液滴定至终点，用去 35.05mL。计算 $K_2Cr_2O_7$ 标准溶液和 $Na_2S_2O_3$ 标准溶液的浓度（mol/L）。

12. 取水样 100mL，用 H_2SO_4 酸化后，加入 15.00mL 0.0100mol/L 高锰酸钾溶液（$1/5KMnO_4 = 0.0100mol/L$），在沸水浴中加热 30min，趁热加入 15.00mL 0.0100mol/L 草酸钠溶液（$1/2Na_2C_2O_4 = 0.0100mol/L$），摇匀，立即用同浓度高锰酸钾标准溶液滴定至显微红色，消耗 13.04mL，求水样中高锰酸盐指数是多少（mgO_2/L）？

13. 用回流法测定某废水中的 *COD*。取水样 15.00mL（同时取无有机物蒸馏水 15.00mL 做空白试验）放入回流锥形瓶中，加入 15.00mL 0.2500mol/L 重铬酸钾溶液（1/6 $K_2Cr_2O_7$＝0.2500mol/L）和 30mL 硫酸—硫酸银溶液，加热回流 2h；冷却后加蒸馏水稀释至 150mL，加试亚铁灵指示剂，用 0.1000mol/L 硫酸亚铁铵溶液回滴至红褐色，水样和空白分别消耗 9.82mL 和 18.04mL。求该水样中的 COD 是多少？

14. 取氯消毒水样 100mL，放入 300mL 碘量瓶中，加入 0.5g 碘化钾和 5mL 乙酸盐缓冲溶液（pH＝4），自滴定加入 0.0100mol/L，硫代硫酸钠溶液（$Na_2S_2O_3$＝0.0100mol/L）至淡黄色，加入 1mL 淀粉溶液，继续用同浓度 $Na_2S_2O_3$ 溶液滴定至蓝色消失，共用去 1.12mL。求该水样中总余氯的量是多少（Cl_2，mg/L）？

15. 准确吸取苯酚贮备液 10.00mL（同时取无苯酚水 10.00mL 做空白试验）于碘量瓶中，加水稀释至 100mL，加 10.00mL 0.1mol/L 溴化液（$KBrO_3$－KBr）和 HCl、KI，用 0.1000mol/L $Na_2S_2O_3$ 溶液滴定至淡黄色，加淀粉指示剂，继续滴定至终点，贮备液和空白分别用去 6.68mL 和 16.72mL。求苯酚贮备液的浓度（$1/6C_6H_5OH$，mol/L）和含量（g/L）？

16. 为了检查试剂 $FeCl_3 \cdot 6H_2O$ 的质量，称取该试样 0.5000g 溶于水，加 HCl 溶液 3mL 和 KI 2g，析出的 I_2 用 0.1000mol/L $Na_2S_2O_3$ 标准溶液滴定到终点，用去 18.17mL。问该试剂属于哪一级（国家规定二级品含量不小于 99.0％，三级品含量不小于 98.0％）？主要反应为

$$2Fe^{3+} + 2I^- \rightleftharpoons I_2 + 2Fe^{2+}$$
$$I_2 + 2Na_2S_2O_3 \rightleftharpoons 2NaI + Na_2S_4O_6$$

17. 自溶解氧瓶中吸取已将溶解氧 DO 固定的某地面水样 100mL，用 0.0100mol/L $Na_2S_2O_3$ 溶液滴定至淡黄色，加淀粉指示剂，继续用同浓度 $Na_2S_2O_3$ 溶液滴定至蓝色刚好消失，共消耗 10.02mL。求该水样中溶解氧 DO 的含量（mgO_2/L）。

18. 取某含硫化物工业废水 100mL（同时取 100mL 蒸馏水做空白试验），用乙酸锌溶液固定，过滤，将其沉淀连同滤纸转入碘量瓶中，加蒸馏水 50mL 及 10.00mL 碘标准溶液和硫酸溶液，放置 5min，用 0.0500mol/L $Na_2S_2O_3$ 溶液滴定，水样和空白分别用去 1.15mL 和 3.80mL。求该废水中 S^{2-} 离子的含量（S^{2-}，mg/L）。

吸 光 光 度 法

【学习目标】

了解物质的颜色及对光的选择性吸收、分光光度计、目视比色法，掌握朗伯—比尔定律、显色反应及显色条件、测量条件的选择，掌握吸光光度法在水质分析中的应用。

【具体内容】

物质的颜色及对光的选择性吸收、朗伯—比尔定律、目视比色法、分光光度计、显色反应和和显色剂、显色条件、入射光波长的选择、吸光度范围的选择、参比溶液的选择、吸光光度法及其在水质分析中的应用。

吸光光度法是基于物质对光的选择性吸收而建立起来的分析方法，又称为吸收光谱法或分光光度法。它是测定水中许多无机物和有机物含量的重要方法之一。

任务 6.1 吸光光度法的基本原理

6.1.1 物质的颜色及对光的选择性吸收

光是一种电磁波，具有波动性和微粒性。不同波长（或频率）的光，其能量不同，波长越长能量越小，波长越短能量越大。光按照波长由短到长顺序，依次分为 γ 射线、X 射线、紫外线、可见光、红外线、微波、无线电波。

物质对光的
选择性吸收

可见光就是人们平时可以直接用肉眼观察到的光，其波长范围为 $400\sim750\text{nm}$。在该范围内，不同波长的可见光对人眼产生不同的刺激，人眼感觉到的效果就是呈现不同的颜色。将具有不同颜色的光，称为色光。各种色光按一定比例混合而成的混合光，就是人们日常所见的白光。

图 6.1 中位置相对应的两种色光按一定强度比例混合，也可以得到白光，这两种光通常称为互补色光。

当一束光照射到物质或溶液时，组成该物质的分子、原子或离子与光子发生"碰撞"，光子的能量就转移到分子、原子或离子上，使这些粒子由低能态（基态 M）跃迁到较高能态（激发态 M^*），即

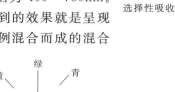

图 6.1 互补光示意图

$$M + h\upsilon \rightarrow M^*$$

式中　h——普朗克常量；

　　　υ——光子的频率；

　　　$h\upsilon$——光子能量。

被激发的粒子约在 10^{-8}s 后，又回到基态，并以热或荧光等形式释放出能量。物质的分子、原子或离子具有不连续的能级，不同的物质，能级也不同。所以，只有当照射光的光子能量 $h\upsilon$ 与被照射物质的分子、原子或离子由基态到激发态之间的能量之差相当时，这个波长的光才可能被吸收，所以物质对光的吸收具有选择性。如当白光通过 $KMnO_4$ 溶液时，它选择地吸收了白光中的绿色光，其他色光不被吸收而透过溶液。由图 6.1 可知，透过的光线中，除紫色光外，其他颜色的光互补成白光，所以 $KMnO_4$ 溶液呈透过光的颜色，即紫色。物质的颜色与吸收光颜色的关系见表 6.1。

表 6.1　物质颜色和吸收光颜色的关系

物质颜色	吸　收　光	
	颜色	波长范围/nm
黄绿	紫	400～450
黄	蓝	450～480
橙	绿蓝	480～490
红	蓝绿	490～500
紫红	绿	500～560
紫	黄绿	560～580
蓝	黄	580～600
绿蓝	橙	600～650
蓝绿	红	650～750

为了更详细地了解溶液对光的选择性吸收性质，可以使用不同波长的单色光分别通过某一固定浓度和厚度的有色溶液，测量该溶液对各种单色光的吸收程度（即吸光度），以波长 λ 为横坐标、吸光度 A 为纵坐标作图，所得曲线叫光吸收曲线，该曲线能够很清楚地描述溶液对不同波长单色光的吸收能力。

图 6.2 是不同浓度 $KMnO_4$ 溶液的光吸收曲线。从图中可以看出，不管浓度大小，在可见光范围内，$KMnO_4$ 溶液对波长 525nm 附近的绿色光吸收最多，而对紫色和红色吸收很少。光吸收最大处的波长叫最大吸收波长，常用 λ_{max} 表示。$KMnO_4$ 溶液的 $\lambda_{max} = 525nm$。浓度不同时，溶液对光的吸收程度（吸光度）不同，由于最大吸收波

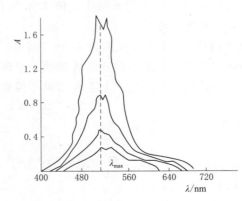

图 6.2　不同浓度 $KMnO_4$ 溶液的光吸收曲线

长不变，故四条光吸收曲线的形状相似。

光吸收曲线是吸光光度法选择测定波长的重要依据。

6.1.2 朗伯-比尔定律

当一束平行单色光通过液层厚度 b 的有色溶液时（如图6.3所示，I_0 为入射光强度，I 为透射光强度），溶液吸收了光能，光的强度就要减弱。溶液的浓度愈大，通过的液层厚度愈大，入射光强度 I_0 愈强，则光被吸收得愈多，光强度的减弱也愈显著。

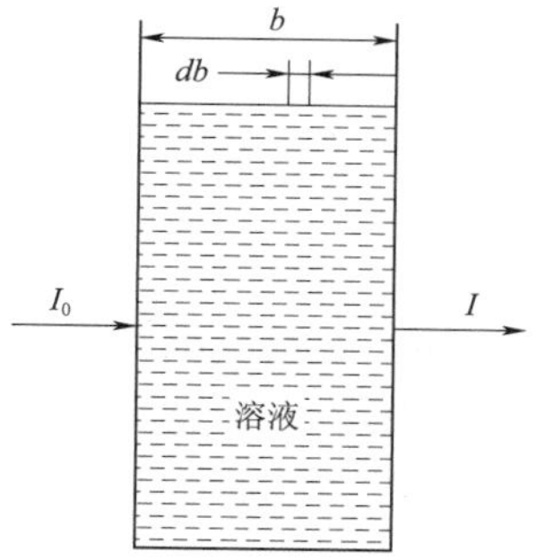

实践证明，溶液对单色光的吸收服从朗伯-比尔定律。其数学表达式为

$$\lg \frac{I_0}{I} = KCb \qquad (6.1)$$

式中　I_0——入射光的强度；

　　　I——透射光的强度；

　　　K——比例常数；

　　　C——溶液的浓度；

　　　b——液层的厚度。

图6.3　光吸收示意图

朗伯-比尔定律也称为光的吸收定律，其物理意义是：当一束平行的单色光通过均匀的、非散射的溶液时，溶液对光的吸收程度与溶液浓度 C 和液层厚度 b 的乘积成正比。

当 $I = I_0$ 时，$\lg \dfrac{I_0}{I} = 0$，说明溶液对光完全不吸收；I 值越小，则 $\lg \dfrac{I_0}{I}$ 值越大，溶液对光的吸收程度越大。因此，式中的 $\lg \dfrac{I_0}{I}$ 表示溶液对光的吸收程度，常用 A 表示，称为吸光度。所以式（6.1）变为

$$A = KCb \qquad (6.2)$$

比例常数 K 与入射光的波长、溶液的性质及温度有关，它反映了在一定条件下，溶液对某一波长光的吸收能力。

在 C 的单位用 mol/L，b 的单位用 cm 时，则 K 就用 ε 表示，其单位为 L/(mol·cm)，称为摩尔吸光系数。于是式（6.2）变为

$$A = \varepsilon Cb \qquad (6.3)$$

【例6.1】 已知含 Cd^{2+} 浓度为 1.25×10^{-6} mol/L 的水样，用双硫腙比色测定镉，比色皿厚度是 2cm，在 $\lambda = 520$nm 处测得的吸光度是 0.22，计算摩尔吸光系数。

解： 因为　$A = \varepsilon Cb = 0.22$

所以　　　　$\varepsilon = \dfrac{A}{Cb} = \dfrac{0.22}{1.25 \times 10^{-6} \times 2} = 8.8 \times 10^{4} [\text{L/(mol·cm)}]$

摩尔吸光系数表示当溶液浓度为 1mol/L、液层厚度为 1cm 时溶液对某波长单色光的吸光度。它是各种有色物质在一定波长入射光照射下的特征常数，ε 值受波长影

响，我们平时所讲的有色物质的摩尔吸光系数是指在最大波长处的摩尔吸光系数，以 ε_{max} 表示。

比色分析中常把 $\dfrac{I}{I_0}$ 称为透光度或透光率，用 T 表示。它反映了透过溶液的光强度在原入射光中所占比例，T 越大，说明透过溶液的光越多，而被溶液吸收的光越少，所以透光度 T 也能间接地表示溶液对光的吸收程度。吸收度 A 与透光度 T 的关系为

$$A = \lg \frac{I_0}{I} = -\lg \frac{I}{I_0} = -\lg T \tag{6.4}$$

朗伯-比尔定律是吸光光度法进行定量分析的理论依据。

应用朗伯-比尔定律，一定要注意它的适用条件。如果单色光不纯、溶液浓度过大或试样含有杂质等都会导致溶液的吸光度与浓度不成直线关系，而偏离朗伯-比尔定律。

任务 6.2　显色反应及显色条件

6.2.1　显色反应和显色剂

由于吸光光度法是根据溶液中待测组分对某波长光选择性吸收，且吸收程度与待测组分的浓度有定量关系来测定的。这就要求待测组分必须选择性地吸收某波长的光，即有一定的颜色。而实际溶液大部分是无色的或颜色很淡，不能直接进行测定。就需要向溶液中加入试剂，使待测组分转变为有色物质，然后再进行比色或吸光度测定。将被测组分转变为有色化合物的反应叫显色反应。显色反应主要是配位反应或氧化还原反应。在显色反应中，所加入的与待测组分形成有色物质的试剂叫显色剂。同一组分常常可以与多种显色剂反应，生成不同的有色物质，根据下列原则选择最有利于测定的显色反应。

（1）选择性好。在一定条件下，显色剂仅与待测组分发生显色反应，干扰物质较少，或干扰物质容易除去。

（2）灵敏度高。由于吸光光度法常用于微量组分的测定，因此要求方法的灵敏度要高。一般认为生成有色物质的摩尔吸光系数 $\varepsilon \geqslant 10^4 \sim 10^5$ 时，该显色反应就具有较高的灵敏度。

（3）有色化合物的组成恒定（符合一定的化学式）、性质稳定。这样可以保证在测定过程中溶液的吸光度基本不变。

（4）显色剂与生成的有色化合物之间有较大的颜色差别。一般要求二者的最大吸收波长相差 60nm 以上。这样显色时颜色变化明显，试剂空白值小，可以提高测定的准确度。

实际的显色反应不一定能够完全遵循上述的四条原则，此时应根据具体情况综合考虑，如对于高含量组分的测定可以牺牲一些灵敏度。

一般来说，在水质分析中，有机显色剂用得较普遍，而无机显色剂由于其灵敏度

和选择性都不太高，用得比较少。

表 6.2

表 6.2　　　　　　　　　　　　常用的有机显色剂

试剂		测定离子	显色条件	λ_{max}/nm	$\varepsilon/[L/(mol \cdot cm)]$
偶氮类	PAN	Zn（Ⅱ）	pH=5～10	550	5.6×10^4
	偶氮胂Ⅲ	Th（Ⅳ）	8mol/L HClO$_4$	660	5.1×10^4
			8mol/L HCl	665	1.3×10^5
三苯甲烷类	铬天青 S	Al（Ⅲ）	pH=5.0～5.8	530	5.9×10^4
其他类型	磺基水杨酸	Ti（Ⅳ）	pH=4	375	1.5×10^4
	丁二酮肟	Ni（Ⅱ）	pH=8～10	470	1.3×10^4
	邻二氮菲	Fe（Ⅱ）	pH=5～6	508	1.1×10^4
	二苯硫腙	Pb（Ⅱ）	pH=8～10	520	6.6×10^4

注　测定离子未全部列出，仅举一个作代表。

6.2.2　显色条件

显色效果不仅由显色剂本身的性质决定，而且还受反应条件影响。显色反应条件的选择主要有以下几个方面。

1. 酸度

有机显色剂大部分是有机弱酸，溶液的酸度影响显色剂的浓度以及本身的颜色。大部分的金属离子很容易水解，溶液的酸度也会影响金属离子的存在状态，进一步还要影响到有色化合物的组成、稳定性。因此，应通过试验确定出合适的酸度范围，并在测定过程中严格控制。

2. 温度

一般情况下，显色反应大多在室温下进行，不需要严格控制显色温度。但有的显色反应需要加热到一定温度才能完成。有的有色化合物的吸光系数会随温度的改变而改变，对于这种情况应注意控制温度。

3. 显色剂用量

显色反应可表示为：　　M　　＋　　R＝　　　　MR
　　　　　　　　　　（待测组分）（显色剂）（有色化合物）

根据平衡移动原理，增加显色剂的浓度，可使待测组分转变成有色化合物的反应更完全，但显色剂过多，则会发生其他副反应，对测定不利。因此，在实际工作中应根据实验要求严格控制显色剂的用量。

4. 显色时间

不同的显色反应，其反应速度不同，颜色达到最大深度且趋于稳定的时间也不同。另外，有的反应完成显色后，过一段时间颜色会慢慢地变浅。因此，应该在显色反应后，颜色达到最大深度（即吸光度最大）且稳定的时间范围内进行测定。

5. 溶剂

溶剂的不同可能会影响到显色时间、有色化合物的离解度及颜色等。在测定时标准溶液和被测溶液应采用同一种溶剂。

6. 溶液中共存离子的影响

被测试样中常常存在多种离子，若共存离子本身有色，或共存离子能与显色剂反应生成有色物质，应消除共存离子的干扰，以提高测定的准确度。

任务6.3 测量条件的选择

为了得到可靠的数据和准确的分析结果，除了严格控制显色反应条件外，还必须选择好光度测量条件。测量条件主要包括入射光波长的选择、参比溶液和吸光度范围的选择等。

6.3.1 入射光波长的选择

入射光的波长应根据被测试样光谱吸收曲线选择。一般选最大吸收波长，因为此时的灵敏度最高。如果有干扰物质在此波长也有较大的吸收，则可选择灵敏度稍低，但能避免干扰的入射光波长。例如显色剂和有色钴配合物在 420nm 处都有最大吸收峰，见图 6.4，如果在此波长下测定钴，则未反应的显色剂就会干扰测定结果，可以选择显色剂不吸收的 500nm 波长的入射光来测定，这样灵敏度虽然有所降低，但消除了干扰，提高了准确度。

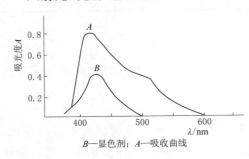

B—显色剂；A—吸收曲线

图 6.4 钴配合物光谱吸收曲线

6.3.2 吸光度范围的选择

根据理论推导及测定经验，将标准溶液和待测试样的吸光度读数控制在 0.2～0.8 范围内，能够使测量的相对误差最小。因此，可根据朗伯-比尔定律改变试样浓度或选用不同厚度的比色皿，使吸光度读数处在该范围内。

吸光度读数范围的选择

6.3.3 参比溶液的选择

在吸光光度法测定中，利用参比溶液调节仪器零点，即将仪器透光率调到 100% 处（吸光度为 0）作为相对标准，以消除比色皿、溶剂等对入射光的反射和吸收所带来的误差。若参比溶液选择不当，则对测量读数准确度的影响较大。

选择参比溶液的原则是：参比溶液的性质要稳定，在整个测试过程中，其本身吸光度要不变；所测得的被测试样的吸光度能准确地反映被测组分的浓度。

任务6.4 目视比色法和分光光度法

6.4.1 目视比色法

直接用眼观察并比较溶液颜色深浅以确定物质含量的方法叫目视比色法。常用的目视比色法是标准系列法。准备一套由同一材料制成的大小、形状、壁厚完全相同的平底玻璃管（称为比色管），在其中依次加入不同量的标准溶液，再分别加入等量的显色剂及其他试剂，并用蒸馏水或其他溶剂稀释到相同体积，形成一套颜色逐渐加深的标准色阶。将一定量待测试样置于另一同样比色管中，在同样条件下显色，并稀释至同样体积。然后从管口垂直向下观察（如果颜色较明显也可从侧面观察），并与标准色阶比较，如果待测试样与标准色阶中某一标准溶液颜色深度相同，则其浓度也相同；如果介于两标准液溶液之间，则待测试样浓度为两标准溶液浓度的平均值。

目视比色法的理论根据是：白光照射有色溶液时，溶液吸收某种色光，透过其互补光，溶液呈透过光的颜色。根据朗伯-比尔定律 $A = \varepsilon Cb$，溶液浓度越大，对该色光的吸光度越大，则透过的互补光就越突出，观察到的溶液颜色也就越深，由于待测试样与标准溶液是在完全相同的条件下显色，比较颜色时液层厚度也相同，所以两者颜色深浅一样时，浓度肯定相等。因为采用标准系列法，并直接用色阶中的标准溶液浓度来表示测定结果，所以，尽管目视比色时的条件并不一定严格满足朗伯-比尔定律（如不是单色光或溶液浓度偏高等），但仍能用此法进行测定。

由于目视比色法具有设备简单、操作方便、测定灵敏度高、适用浓度范围较大（浓度高时，从比色管侧面观察；浓度低时，从比色管口垂直观察）等优点，所以广泛地应用于准确度要求不高的常规分析中，尤其是一些基层站及野外进行大批量试样的测定。但是标准系列溶液不稳定，不能久存，需要在测定时同时配制，比较麻烦。另外，人眼观察有主观误差，准确度不高。随着分析仪器的普及，目视比色法正在逐渐向分光光度法过渡。

6.4.2 分光光度法

分光光度法是采用被测试样吸收的单色光作入射光源，用仪表代替人眼来测量试样吸光度的一种分析方法。测定时用分光光度计，这是目前水质测定中使用最普及的仪器之一。

分光光度法可以采用标准曲线法。即：在朗伯-比尔定律的浓度范围内，配制一系列不同浓度的溶液，显色后在相同条件下分别测定它们的吸光度值，然后以各标准溶液的浓度 C 为横坐标，对应的吸光度 A 为纵坐标作图，得到一条直线，该直线称为标准曲线或工作曲线，如图 6.5 所示。然后，在同样的条件下测出试样的吸光度 A_x 值，从标准曲线图上直接查出样品的含量 C_x。这种方法准确度较高，主要适用于大批量试样的分析，可以简化手续，加快分析速度。

分光光度法的特点如下：

（1）用仪表代替人眼，不但消除了人的主观误差，而且将入射光的波长范围由可见光区扩大到了紫外光区和红外光区，使许多在紫外光区和红外光区有吸收峰的无色物质都可以直接用分光光度法测定。

（2）用较高纯度的单色光代替了白光，更严格地满足朗伯-比尔定律的要求，使偏离朗伯-比尔定律的情况大

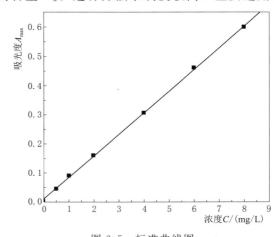

图 6.5 标准曲线图

大减少，从而提高了测定的准确度。

（3）当溶液中有多种组分共存时，只要吸收曲线图不十分重叠，就可以选取适当波长的入射光直接测定而避免相互影响，不需要通过专门的试样预处理来消除干扰。甚至可以选择合适波长的入射光同时测出多种组分含量。

任务 6.5　分 光 光 度 计

6.5.1　分光光度计的基本构成

分光光度计的种类较多，可见光区的分光光度计主要有 72 型、721 型、722 型、751 型等。但它们都是由下列基本部件构成的。

分光光度计的仪器组成

1. 光源

在吸光度的测量中，光源提供所需波长范围内的连续光谱，并具有足够的光强度及稳定性。为满足光源性能要求，其电源应具有稳压装置且能按需要连续调节输出电压。

2. 单色器

单色器是将光源发出的连续光谱分解为单色光装置。由棱镜或光栅等色散元件及狭缝和透镜组成。它能分解出测定波长范围内的任意单色光，其单色光的纯度取决于色散元件的色散率和狭缝的宽度。

3. 比色皿

比色皿也称吸收池，是用于盛放被测试样，并让单色光从中穿过的无色透明器皿。由玻璃（适用于可见光）或石英（适用于紫外线）制成。仪器中一般配有厚度为 0.5cm、1cm、2cm、3cm 的比色皿各一套，同一套比色皿本身的透光度相同。

4. 检测系统

检测系统是用于测定被测试样吸光度的装置，它包括检测器和显示仪表两部分。检测器的作用是将透过比色皿的光转变为光电流，目前用得较多的检测器是光电管和光电倍增管。显示仪表的作用是测定光电流的大小，并转换成透光度 T 和吸光度 A 显示出来。

6.5.2　常用的分光光度计

6.5.2.1　721 型分光光度计

721 型分光光度计是实验室用得最广泛的可见光分光光度计，其结构原理如图 6.6 所示。由光源 1 发出的白光，经聚光透镜 2 至平面反射镜 3，转 90°进入入口狭缝 4，经准直镜 6 变成一束平行光射入背面镀铝的棱镜 7，色散后的光从铝面反射回来，再经过准直镜 6 反射至出口狭缝 4（出、入口狭缝是仪器中同一弯曲狭缝的不同位置）。由于棱镜和刻有波长的转盘相连，转动转盘即可转动棱镜角度，使所需单色光通过出口狭缝，并根据转盘上的刻度读出单色光的波长。射出的单色光经光亮调节器 8、聚光透镜 9 进入比色皿 10，被试样吸收后照射到光电管 13 上，产生的光电流经直流放大器 14 放大输入微安表 15，在微安表的标尺上可直接读出吸光度或透光度。

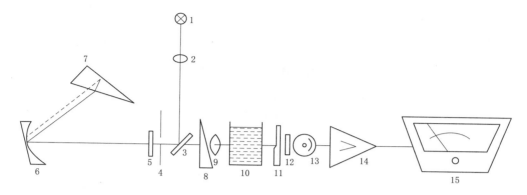

图 6.6　721 型分光光度计

1—光源；2—聚光透镜；3—反射镜；4—弯曲狭缝；5—保护玻璃；6—准直镜；7—棱镜；8—光亮调节器；
9—聚光透镜；10—比色皿；11—光门；12—保护玻璃；13—光电管；14—直流放大器；15—微安表

6.5.2.2　751 型分光光度计

751 型分光光度计是在 721 型基础上生产的一种紫外、可见和近红外分光光度计。其工作原理与 721 型相似，而波长范围较宽（200～1000nm），精密度也较高。它的光学系统原理结构如图 6.7 所示。

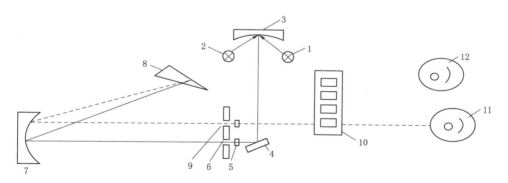

图 6.7　751 型分光光度计光学系统示意图

1—钨灯；2—氢灯；3—凹面聚镜；4—平面反射镜；5—石英透镜；6—入口狭缝；7—准直镜；
8—石英棱镜；9—出口狭缝；10—比色皿；11—紫敏光电管；12—红敏光电管

为了适应其工作波长，751 型配有两种光源，当波长在 320～1000nm 时用钨丝白炽灯，在 200～320nm 时用氢灯；其光电管也有两种，200～625nm 范围内用紫敏光电管，625～1000nm 范围内用红敏光电管。为了防止玻璃对紫外线的吸收，751 型的棱镜、透镜等都由石英制成。

任务 6.6　吸光光度法在水质分析中的应用举例

吸光光度法在水质分析中的应用非常广泛。采用吸光光度法，可以测定水中的浊度、铁、微量酚、氨氮、亚硝酸盐氮、硝酸盐氮、总氮等。具体实例见实验 12

（水中浊度的测定）、实验 13（水中总铁的测定）、实验 14（水中氨氮的测定）和实验 15（水中镁的测定）。

思 考 题 与 习 题

项目 6 答案

1. 什么是朗伯－比尔定律？摩尔吸收系数的物理意义是什么？

2. 怎样绘制标准曲线图？

3. 简述分光光度计的基本结构及其工作原理。

4. 怎样选择适宜的参比溶液？

5. 用邻二氮菲吸光光度法测定水中的 Fe^{2+}，其含量为 0.39mg/L，在 $\lambda_{max}=508nm$ 处测得吸光度 $A=0.23$。假定显色反应完全进行，计算摩尔吸收系数 ε。

6. 某水样 25.00mL 中含某化合物 2.06mg，在 $\lambda_{max}=270nm$ 处，用 1cm 比色皿测定吸光度 $A=1.3$，摩尔吸收系数 $\varepsilon=1.58\times10^{3}$，求该化合物的摩尔质量。

7. 用双硫腙光度法测定某废水中的 Pb^{2+} 时，比色皿厚度是 2cm，在 $\lambda=520nm$ 处测得透光率 $T=53\%$，摩尔吸光系数 $\varepsilon=1.8\times10^{4}$，求 Pb^{2+} 的含量（mg/L 表示）。

8. 某水样用 2cm 的比色皿测得 $T=60\%$，如果改用 1cm 比色皿，则透光率 T 及吸光度 A 各是多少？

9. 用双硫腙光度法测定某废水中的 Cd^{2+}。取 Cd^{2+} 标准贮备液（1.00μg/mL）0.0mL、1.0mL、3.0mL、5.0mL、7.0mL 和 9.0mL 配制一系列标准溶液，定容至 50mL，在 $\lambda_{max}=518nm$ 处测定对应的吸光度 A 值，数据见表 6.3。取水样 5.00mL，稀释至 50mL，在同样条件下测得吸光度 $A=0.55$。请绘制标准曲线，并查出水样中 Cd^{2+} 的含量（mg/L 表示）。

表 6.3　　　　　　　　　　　　系列 Cd^{2+} 标准溶液吸光度 A 测量值

Cd^{2+} 标准溶液/mL	0.0	1.0	3.0	5.0	7.0	9.0
吸光度 A	0.0	0.07	0.20	0.36	0.50	0.62

原子吸收分光光度法

【学习目标】

掌握原子吸收分光光度法的基本原理、定量分析方法和原子吸收分光光度计的构造。

【具体内容】

共振线与吸收线、原子吸收定量原理；原子吸收分光光度计的构造；标准曲线法、标准加入法；干扰与抑制；原子吸收分光光度法在水质分析中的应用。

原子吸收分光光度法又称原子吸收光谱法或原子吸收法，简称 AAS。是基于蒸气相中的被测元素的基态原子，对其共振辐射的吸收强度来测定试样中被测元素含量的分析方法。

任务 7.1 原子吸收分光光度法的基本原理

7.1.1 共振线与吸收线

任何元素原子中的核外电子是处于不同轨道，分层排布的，每层具有恒定的能量称为能量级。电子处在不同轨道时，原子相应具有不同的能态。在正常状态下，原子中电子都处于它们的最低能级时，原子具有最小内能，处于基态。当基态原子受到外界能量激发时，其外层电子会吸收一定能量而跃迁到较高能级，原子处于激发态。激发态原子是不稳定的，很快又回到基态，同时以光的形式辐射出吸收的能量 ΔE。它等于两个能级的能量差，即

原子吸收光谱的产生

$$\Delta E = E_j - E_0 = h\upsilon = hc/\lambda \tag{7.1}$$

式中　E_j——激发态能级的能量；

　　　E_0——基态能级的能量；

　　　h——普朗克常数；

　　　υ——吸收（辐射）光谱的频率；

　　　c——光速，3×10^{10} cm/s；

　　　λ——吸收（辐射）光谱的波长。

电子从基态跃迁到能量最低的激发态（称为第一激发态）要吸收一定频率的光

（谱线），称为共振吸收线；相反再由第一激发态跃迁回基态时，则发射出同样频率的
光（谱线），这种谱线称为共振发射线；共振吸收线、共振发射线均简称为共振线。

共振线是元素各谱线中最强、最灵敏的谱线。由于各种元素的原子结构和外层电
子排布不同，因而不同的元素共振线不同，具有特征性，因此这种共振线称为元素的
特征谱线。

7.1.2　谱线轮廓与谱线变宽

理论上讲，吸收谱线应该是唯一确定波长的单色线，但实际上它占有相当窄的波
长或频率范围，具有一定的宽度。

若用不同频率 υ 的光（强度为 $I_{0\upsilon}$）通过原子蒸气，有一部分将被吸收，透过光
的强度为 I_{υ}，则吸收的情况如图 7.1 所示。

以吸收系数 K_{υ} 对频率 υ 作图 7.2，在 υ_0 处吸收系数最大，υ_0 称为中心频率，对
应的 K_0 称峰值吸收系数。在 $K_0/2$ 处，吸收线轮廓上两点的距离称为半宽度，用 $\Delta\upsilon$
表示，其数量级约为 $0.001\sim0.01\mathrm{nm}$。所谓谱线轮廓，就是谱线强度按频率的分布。

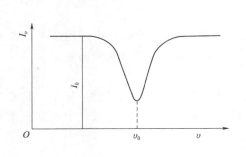

图 7.1　I_{υ} 与 υ 的关系

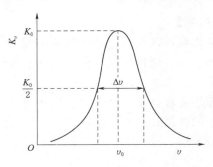

图 7.2　吸收线轮廓与半宽度

由于半宽存在使得吸收谱线占有了一定的波长或频率范围，不再是唯一确定波长
的单色线，这种现象称为谱线变宽。原子自身性质以及外界因素的影响都会导致谱线
变宽。

1. 自然宽度 $\Delta\upsilon_N$

在无外界影响时，谱线仍有一定宽度，这就是自然宽度。它是由原子处于激发态
的寿命来决定。自然宽度是谱线的固有宽度，数量级在 $10^{-5}\mathrm{nm}$，其值甚微，可忽略
不计。

2. 多普勒变宽的 $\Delta\upsilon_D$

由于原子在空间做无规则热运动，引起的谱线变宽，又称热宽度。

3. 劳伦兹变宽 $\Delta\upsilon_L$

由于吸收原子与蒸气中其他粒子碰撞而引起的变宽，又称压力变宽。劳伦兹变宽
与多普勒变宽具有相同的数量级 $10^{-3}\mathrm{nm}$，都是变宽的主要因素。

除上述因素外，还有其他一些变宽。在通常的原子吸收分析的实验条件下，吸收
线的轮廓主要受多普勒变宽和劳伦兹变宽的影响，其他影响可以忽略。

7.1.3　原子吸收定量原理

一般广泛应用的火焰原子化方法，常用的火焰温度低于 $3000\mathrm{K}$，此时火焰中激发

态原子数远小于基态原子数，可以用基态原子数代表吸收辐射的原子总数。因此，可以认为在常规原子吸收法中，试样浓度与待测元素吸收辐射的原子总数成正比。

即在一定实验条件下，吸光度与浓度的关系遵循朗伯-比耳定律。这就是原子吸收法的定量依据。

$$A = KC \tag{7.2}$$

式中　K——常数。

任务 7.2　原子吸收分光光度计

原子吸收分光光度计一般由光源、原子化系统、分光系统及检测系统四个主要部分组成。如图 7.3 所示。以下对原子吸收分光光度计的主要部件做简单说明。

原子吸收分光光度计组成

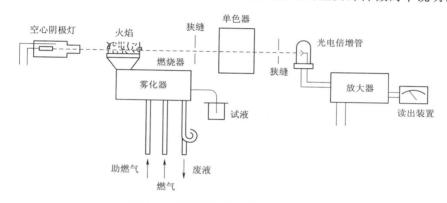

图 7.3　原子吸收分光光度计示意图

7.2.1　光源

光源的作用是辐射待测元素的特征光谱线，常采用空心阴极灯又称元素灯。其结构如图 7.4 所示，它有一个由被测元素材料制成的空心阴极和一个由钨、钛等材料制成的阳极，阴极和阳极封闭在带有光学窗口的硬质玻璃管内，管内充有几百帕低压的惰性气体氖或氩。当在两极之间施加几百伏电压时，便产生辉光放电。阴极发射的电子在电场作用下，高速飞向阳极，途中与载气原子碰撞并使之电离，放出二次电子，使电子与阳离子数目增加，以维持放电。阳离子从电场获得动能，这些阳离子在电场作用下猛烈轰击阴极内壁，使阴极表面的金属原子溅射出来。溅射出的金属原子再与电子、惰性气体原子及离子发生碰撞而被激发，激发态原子的寿命很短（$10^{-8} \sim 10^{-9}$ s），当它回到基态时，发射出阴极元素的特征谱线，这就是我们需要的锐线光。

空心阴极灯具有发射的谱线稳定性好、强度高度窄、容易更换等优点。但是，其制造较难，寿命不长，使用不大

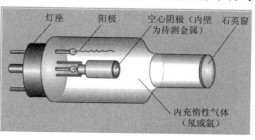

图 7.4　空心阴极灯

方便，并且每测定一个元素均需要更换相应的待测元素的空心阴极灯。目前已有多元素灯，一灯最多可测 6～7 种元素。使用多元素灯易产生干扰，使用前应先检查测定的波长附近有无单色器不能分开的非待测元素的谱线。

7.2.2　原子化系统

将试样中待测元素变成气态的基态原子的过程称为试样的"原子化"。原子化系统是将试样中的待测元素转变为气态基态原子（原子化）所用的设备。试样原子化的方法有火焰原子化法和无火焰原子化法两种，前者操作简单，快速，有较高的灵敏度，后者原子化效率高，试样用量少，适合于高灵敏度分析。

7.2.2.1　火焰原子化器

火焰原子化器

火焰原子化器一般由化学火焰提供能量，在火焰的高温中实现被测元素原子化。火焰原子化器组成如下：

（1）雾化器。其作用是将试液溶液分散为极微细的雾粒。要求它喷雾稳定；雾粒细微均匀；雾化效率高。当前广泛采用的是同心管型雾化器，其示意图如图 7.5 所示。根据伯努利原理，当具有一定压力的助燃气（如空气、氧、氧化亚氮等）高速通过毛细管外壁与喷嘴口构成的环形间隙时，使毛细管形成负压。从而将试液沿毛细管吸入，并与高速气流冲撞而成为雾粒喷出。喷出的雾滴经节流管碰在撞击球上，而使雾粒更为细小。可提高雾粒质量和喷雾效率。

（2）燃烧器。如图 7.6 试液雾化后进入预混合室（也叫雾化室），与燃气（乙炔、丙烷、氢等）充分混合。较大的雾滴聚集在壁上，从废液管中排出，而较细的雾滴进入火焰中。预混合型燃烧器的优点是产生的原子蒸气多，火焰稳定，背景较小，比较安全。

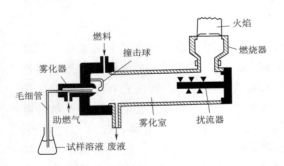

图 7.5　雾化器示意图

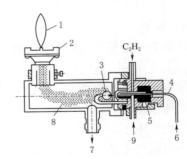

图 7.6　预混合型燃烧器示意图

1—火焰；2—燃烧器；3—撞击球；4—毛细管；
5—雾化器；6—试液；7—废液；8—雾化室；
9—空气或 N_2O

（3）火焰。火焰是进行原子化的能源，由燃料气（还原剂）和助燃气（氧化剂）在一起发生激烈的化学反应（燃烧）而形成。它的作用是提供一定能量，促使试液雾滴蒸发、干燥、熔化和离解，产生大量基态原子。原子吸收所使用的火焰温度只要能使待测元素离解成基态原子就可以了。若超过所需温度，激发态原子将增加，基态原子就会减少，反而对原子吸收不利。因此，在确保待测元素充分离解为基态原子的前提下，低温火焰比高温火焰具有较高的灵敏度。

目前使用最广泛的化学火焰原子化器，常用的火焰有空气—乙炔火焰和 N_2O—乙炔火焰（火焰的温度分别是 2300℃和 2900℃）等。

7.2.2.2　无火焰原子化器

无火焰原子化器也称电热原子化器，其种类很多，如电热高温石墨炉、石墨坩埚、或金属原子化器等。应用这种装置可提高试样的原子化效率和试样的利用率，测定灵敏度可提高 10～200 倍。无火焰原子化器克服了火焰原子化器样品用量多，不能直接分析固体样品的不足。其缺点是试样组成不均匀性的影响较大，测量的重现性差，共存化合物的干扰比火焰原子化法大，背景干扰比较严重，一般都需要校正背景。

无火焰原子
化器

7.2.3　分光系统

分光系统也称单色器，主要由色散元件、反射镜、狭缝组成。其作用是将待测元素的共振线与邻近的谱线分开。单色器的色散元件为棱镜或衍射光栅。

7.2.4　检测系统

检测系统由检测器、放大器、对数转换器和显示装置组成。检测系统的作用是将经过原子蒸气吸收和单色器分光后的微弱光信号转换成电信号，经放大后显示出来。

任务7.3　定量分析方法

即在一定实验条件下，试样的吸光度与待测元素的浓度成正比，遵循郎伯-比尔定律，这是定量分析的依据。常用的定量分析方法有标准曲线法、标准加入法和内标法。

7.3.1　标准曲线法

原子吸收光谱分析的标准曲线法与其他可见分光光度法相类似。其方法是取优级纯金属或试剂溶解于盐酸或硝酸中，用水稀释成一定浓度的标准溶液。按照操作规程调好仪器后，依次用蒸馏水、空白溶液以及各种不同浓度待测元素的一系列标准溶液喷雾，读取各自的吸光度，扣除空白溶液的吸光度后，然后以吸光度 A 为纵坐标，标准溶液浓度为横坐标，绘制 A-C 工作曲线即标准曲线。

定量分析
方法

工作时，按标准曲线的同样操作条件测定试液的吸光度 A，然后从标准曲线上查出吸光度 A 所对应的试液浓度即可，再通过计算就可以求出试样中待测元素的含量。

7.3.2　标准加入法

当试样组成复杂，干扰明显，待测元素含量较低时，且在一定浓度范围内标准曲线呈线性关系，可用标准加入法。标准加入法可以消除基体效应带来的影响。

具体操作如下：取四份相同体积的试样，第一份不加待测元素标准溶液，从第二份起依次按比例加入不同量待测组分标准溶液，用溶剂稀释至同一的体积，以空白为参比在相同测量条件下，分别测量各份试液的吸光度 A。设待测元素的浓度为 C_x，则加入标准溶液后的浓度 C，吸光度 A 分别为：

$$C:\quad C_x \qquad C_x+C_0 \qquad C_x+2C_0 \qquad C_x+4C_0 \quad \cdots\cdots$$
$$A:\quad A_x \qquad A_1 \qquad\quad A_2 \qquad\qquad A_3 \qquad\quad \cdots\cdots$$

绘制吸光度 A 对被测元素加入量的曲线（图 7.7），得一不过原点的直线，截距即是 C_x 引起的效应，外延此线，与横坐标相交的交点即 C_x。

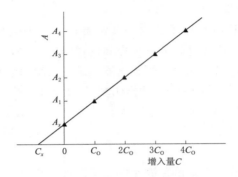

图 7.7　标准加入法 A-C 曲线

任务 7.4　原子吸收分光光度法中的干扰及其抑制

原子吸收分光光度法因分析的特异性较强而干扰较少，其干扰大致可以分为光谱干扰、物理干扰和化学干扰。

7.4.1　光谱干扰

干扰及其
消除方法

光谱干扰是指非测定谱线进入检测器或测定谱线被非待测元素吸收而减弱造成的偏离吸收定律现象。光谱干扰主要来自光源和原子化器，有时也受共存元素的影响，包括谱线干扰和背景吸收的干扰。

对于光谱干扰常用减少狭缝、使用高纯度的单元素灯、零点扣除、使用合适的燃气与助燃气，以及使用氘灯背景校正等方法来消除。

7.4.2　物理干扰

物理干扰主要是指由试液的黏度、表面张力等物理性质的差异引起的雾化效率，溶剂及溶质的蒸发速度，雾滴大小及分布等的变化而造成的干扰。

消除的方法是配制与被测试样组成相近的标准溶液或采用标准加入法。若试样溶液浓度高，还可采用稀释法。

7.4.3　化学干扰

化学干扰是指由于待测元素发生了化学反应，影响待测元素的原子化效率，而引起的干扰效应。化学干扰有形成化合物和电离两种形式。

典型的化学干扰是待测元素与共存组分发生化学反应生成稳定的化合物，而使基态原子数减少、吸光度值下降的干扰效应。使用高温火焰原子化可降低这种干扰。

电离是指在高温条件下，基态原子失去一个或几个电子成为离子，使基态原子数减少，吸光度值下降，这种干扰称为电离干扰。这种干扰是对于容易电离的元素而言的，火焰温度越高，越容易电离，干扰越为严重。

化学干扰是一种选择性干扰，它因元素不同而不同，也随实验条件变化而变化。在标准溶液和试样溶液中，同时加入某些试剂（如消电离剂、释放剂、保护剂、缓冲剂、基体改进剂等）可以抑制化学干扰。如不能消除化学干扰时，只有采用化学分离的方法，如溶剂萃取、离子交换、沉淀分离等方法，用得较多的是溶剂萃取的方法。

任务7.5 原子吸收分光光度法在水质分析中的应用举例

由于原子吸收法具有很多优点，能满足微量和痕量分析的要求。目前被广泛应用于环境监测、水质分析、矿物、冶金、石油、化工、医学等生产部门和科学研究工作。尤其在环境监测中分析痕量金属，在国内外都以此法作为标准分析法。到目前为止它能测定70多种元素，如工业废水，河水、海水、饮用水中的Cd、Hg、As、Pb、Mn、Co、Cr、Sn、Cu、Zn、Ni、Fe、Sb、Al、Se、Mo、W、V、Ca、Mg、Ag等金属离子。

7.5.1 水中铜、铅、锌、镉的测定

7.5.1.1 直接吸入火焰原子吸收法测定铜、铅、锌和镉

当样品中金属含量较高时，可将预处理好的试样直接喷入空气－乙炔火焰，进行原子吸收分光光度测定。为消除有机物、悬浮物等杂质对测定的干扰，须对样品进行预处理。

（1）没有悬浮物的地下水和清洁地面水，可直接测定。

（2）比较浑浊的地面水和较清的废水，每100mL水样加1mL HNO_3，加热消化15min，冷却后用快速定量滤纸过滤，滤液用蒸馏水稀释到一定体积，供测定用。

（3）较脏的废水，每100mL水样加入5mL浓 HNO_3，加热消化到10mL左右，稍冷却，再加入5mL浓 HNO_3、和2mL高氯酸（含量70%～72%），继续加热消解至1mL左右。冷却后用蒸馏水溶解残渣，用酸洗过的中速滤纸过滤至100mL容量瓶中，用蒸馏水稀至刻度。以0.2% HNO_3 如此消解后为空白对照。

选取各元素相应的空心阴极灯，按表7.1选取分析线波长，测定水样中铜、铅、锌和镉的吸光度值，由标准曲线查出或标准加入法可测出对应的金属元素的含量或浓度。

表7.1　　　　　　　　铜、铅、锌、镉的测定条件及测定浓度范围

元素	分析线波长/nm	火焰类型	测定浓度范围		
			直接测定/(mg/L)	萃取测定/(μg/L)	石墨炉测定/(μg/L)
铜	324.7	乙炔-空气，氧化型	0.05～5	1～50	1～50
铅	283.3	乙炔-空气，氧化型	0.2～10	10～200	1～50
锌	213.8	乙炔-空气，氧化型	0.05～1		
镉	227.8	乙炔-空气，氧化型	0.04～1	1～50	0.1～2

7.5.1.2 萃取火焰原子吸收法测定微量铜、铅、镉

本方法适用于含量较低，需进行富集后测定的水样。清洁水样或经消解的水样中待测金属离子在酸性介质中先与吡咯烷二硫代氨基甲酸铵（APDC）生成螯合物，然后用甲基异丁酮（MIBK）萃取后，再喷入乙炔-空气火焰，进行原子吸收分光光度测定。

7.5.1.3 石墨炉原子吸收分光光度法测定痕量铜、铅、镉

将水样或消解后水样直接注入石墨炉内进行测定。石墨炉原子吸收分光光度法的基体效应比较显著和复杂。测定时，石墨炉分三阶段加热升温。首先以低温（小电流）干燥试样，使溶剂完全挥发，称为干燥阶段；然后用中等电流加热，使试样灰化或碳化（灰化阶段），在此阶段应有足够长的灰化时间和足够高的灰化温度，使试样基体完全蒸发，但又不使被测元素损失；最后用大电流加热，使待测元素迅速原子化（原子化阶段），通常选择最低原子化温度。测定结束后，将温度升至最大允许值并维持一定时间，以除去残留物，消除记忆效应，做好下一次进样的准备。另外也可加入基体改良剂消除干扰。

7.5.2 水中钙和镁的测定

当自来水中钙和镁的浓度较低时，EDTA滴定法较难准确检测其浓度，此时可使用原子吸收法来测定。方法是选取相应的空心阴极灯，将水样喷入乙炔-空气火焰中，使钙、镁原子化，并选用422.7nm共振线测定钙，用285.2nm共振线测定镁。

在乙炔-空气火焰中，一般水中常见的阴、阳离子不影响钙和镁的测定，铝离子、硅酸根、磷酸根和硫酸根离子等能抑制钙、镁的原子化，产生化学干扰。可加入2000mg/L La^{3+} 或3000mg/L Sr^{3+} 作释放剂来克服。

7.5.3 水中铁和锰的测定

一般来说，铁、锰的火焰原子吸收法的基体干扰不严重，由分子吸收或光散射造成的背景值吸收也可忽略。主要的干扰是化学干扰，当硅的浓度大于20mg/L时，对测定产生负干扰。可向水样中加入200mg/L氯化钙，消除干扰。方法是选取相应的空心阴极灯，将试样喷入乙炔-空气火焰中，使铁、锰原子化，并分别选用247.3nm共振线测定铁，用279.5nm共振线测定锰。

思 考 题 与 习 题

项目7答案

1. 简述原子吸收光谱分析的基本原理。说明原子吸收光谱定量分析基本关系式的应用条件。

2. 原子吸收光谱分析的光源应符合哪些条件？简述空心阴极灯的工作原理及其特点。

3. 原子吸收分析中为什么选择共振线作为吸收线？

4. 简要说明单光束原子吸收分光光度计各部分的作用。

5. 原子吸收光谱分析中干扰是怎样产生的？如何消除干扰？说明消除干扰的原理。

6. 用原子吸收法测定未知液中铁含量。取 10mL 未知液试样放入 25mL 容量瓶中，稀释到刻度，测得吸光度为 0.354。在另一个 25mL 容量瓶中，加入 9.0mL 未知液，另加 1.0mL 50μg/mL 铁标准溶液，测得吸光度为 0.638。求未知液中铁的含量。

7. 用原子吸收分光光度法测定某厂废液中 Cd 的含量，从废液排放口准确量取水样 100.00mL，经适当酸化处理后，准确加入 10mL 的甲基异丁酮溶液萃取浓缩，被测元素在波长 227.8nm 下进行测定，测得吸光度为 0.182，在同样条件下，测得 Cd 的标准系列吸光度见表 7.2。用作图法求该厂废液中 Cd 的含量（用 mg/L 表示）。

表 7.2　　　　　　　　　　　　　　　**Cd 的标准系列吸光度**

次序	1	2	3	4	5	6	7
浓度/(μg/mL)	0.0	0.1	0.2	0.4	0.6	0.8	1.0
吸光度 A	0.00	0.052	0.104	0.208	0.312	0.416	0.520

项目 8

项目 8

电 化 学 分 析 法

【学习目标】

了解指示电极、参比电极的构造，掌握直接电位分析法与电位滴定法原理与使用方法。

【具体内容】

化学电池、指示电极、参比电极，pH 值测定、离子活度测定、标准曲线法、标准加入法，电位滴定装置、滴定的确定方法。

利用物质电学性质和化学性质之间的关系来测定物质含量的方法称为电化学分析法。在水质分析中，主要有电位分析法和电导分析法等。

任务8.1 电位分析法

电位分析法

电位分析法简称电位法，它是利用化学电池内电极电位与溶液中某种组分浓度的对应关系，实现定量测定的一种电化学分析法。包括两大类：直接电位法和电位滴定法。直接电位法是通过测量电池电动势来确定待测离子浓度（或活度）的方法。可用于测定各种阴离子或阳离子的浓度（或活度）；电位滴定法是通过测量滴定过程中电池电动势的变化来确定滴定终点的滴定分析法，可用于酸碱、氧化还原等各类滴定反应终点的确定。

在电位分析法中，原电池的两极是由一个指示电极和一个参比电极组成。指示电极是指电极电位随溶液中被测离子的浓度（或活度）的变化而改变的电极，参比电极是指电极电位是已知的恒定不变的电极。当这两个电极同时浸入被测溶液中构成原电池时，通过测定原电池的电极电位，就能求出被测溶液的离子浓度（或活度）。

8.1.1 常用指示电极

常用的指示电极主要是一些金属基电极及近年来发展起来的离子选择性电极。

8.1.1.1 金属基电极

这类电极是以金属为基体，其特点是电极上有电子交换反应，即氧化还原反应。

1. 金属-金属离子电极

金属-金属离子电极也称第一类电极，由某些金属和该金属离子溶液组成

（M ｜ M^{n+}）。这里只包括一个界面，这类电极是金属与该金属离子在界面上发生可逆的电子转移。在一定条件下，这类电极的电极电位仅与金属离子 M^{n+} 的活度有关，其电极电位的变化能准确地反映溶液中金属离子活度的变化。例如将金属 Ag 丝浸在 $AgNO_3$ 溶液中构成的电极，则

电极可表示为　　　　　　　　Ag ｜ Ag^+

电极反应为　　　　　　　　$Ag^+ + e^- \Longrightarrow Ag$

25℃时电极电位为　　　$\varphi_{Ag^+/Ag} = \varphi^0_{Ag^+/Ag} + 0.059 \lg \alpha_{Ag^+}$　　　　　（8.1）

电极电位仅与银离子活度有关。因此该电极不但可用来测定银离子活度，而且可用于滴定过程中有银离子活度变化的电位滴定。组成这类电极的金属有银、铜、汞、锌、铅等。

　2. 金属-金属难溶盐电极

也称第二类电极，是在金属表面覆盖该金属的难溶盐涂层，并浸在含该难溶化合物阴离子的溶液中构成的。如由 Ag 和 AgCl 及 KCl 溶液组成的银-氯化银电极，则

电极可表示为　　　　　　Ag，AgCl（固）｜ KCl（液）

电极反应为　　　　　　　$AgCl + e^- \Longrightarrow Ag + Cl^-$

25℃时电极电位为　　　$\varphi_{AgCl/Ag} = \varphi^0_{AgCl/Ag} - 0.059 \lg \alpha_{Cl^-}$　　　　　（8.2）

这类电极的电极电位取决于溶液中该电极金属难溶盐的阴离子活度。因此不仅可测量金属离子的活度，还可测量阴离子的活度。电极的稳定性和重现性都较好，在电位分析中既可用作指示电极，又可作参比电极。组成这类电极的还有甘汞电极、硫酸亚汞电极。

金属基电极的电极电位由于来源于电极表面的氧化还原反应，故选择性不高，因而在实际工作中更多使用的是离子选择性电极。

8.1.1.2　离子选择性电极

离子选择性电极是一种电化学传感器，又称膜电极，它是由对某种特定离子具有特殊选择性的敏感膜及其他辅助部件构成。是直接电位法中应用最广泛的一类指示电极。与金属基电极不同，膜电极表面上没有电子得失，不发生电化学反应。离子选择性电极一般由电极管、敏感膜、内参比电极、内参比溶液四部分构成。

　1. 玻璃膜电极

最早最广泛被应用的膜电极就是玻璃膜电极，其主要构成部分见图 8.1，下端是由特殊成分的玻璃吹制而成的球状薄膜（由 SiO_2 基质中加入 Na_2O 和少量 CaO 烧结而成），膜厚 $50\mu m$ 左右。玻璃管内装有 pH 值一定的缓冲溶液（内参比溶液），其中插入一支 Ag/AgCl 电极作为内参比电极。内参比电极的电位是恒定的，与被测溶液的 pH 无关。

玻璃膜电位与待测溶液的 pH 值有关。电极使用前应在水中浸泡 24h 以上，使玻璃膜表面水化。浸泡时，由于

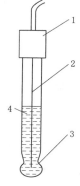

图 8.1　玻璃膜电极

1—绝缘套；2—Ag/AgCl 电极；

3—玻璃膜；4—内部缓冲溶液

玻璃电极

玻璃的硅酸盐结构与 H^+ 的键合力远大于与 Na^+ 的键合力，玻璃表面会形成一层水合硅胶层。玻璃膜内表面也同样形成水合硅胶层。

当浸泡好的玻璃电极浸入待测 pH 的溶液中，外侧水合硅胶层与溶液接触，由于水合硅胶层表面与溶液中 H^+ 的活度不同，形成活度差，在水合硅胶层与溶液界面之间就发生 H^+ 的迁移，H^+ 由活度大的一方向活度小的一方迁移，并建立平衡。结果破坏了胶—液两相界面原来正负电荷分布的均匀性，于是在两相界面形成双电层，从而产生电位差，形成相界电位 $\varphi_{外}$。同理，在玻璃膜内侧的水合硅胶层与内参比溶液界面间也存在相界电位 $\varphi_{内}$。这种跨越玻璃膜两侧的电位差称为膜电位，膜电位的数值等于膜外侧水合硅胶层与试液的相界电位 $\varphi_{外}$ 与膜内侧水合硅胶层与内参比液的相界电位 $\varphi_{内}$ 之差。

$$\varphi_{膜} = \varphi_{外} - \varphi_{内} = K + 0.059 \lg a_{H^+_{(试)}} = K - 0.059 pH_{(试)} \qquad (8.3)$$

可见，在一定温度下，玻璃电极的膜电位 $\varphi_{膜}$ 与试液的 pH 值呈线性关系，式中的 K 值由每支玻璃电极本身的性质所决定。由于玻璃膜电极具有内参比电极，如 Ag—AgCl 电极，因此整个玻璃膜电极的电位，应是内参比电极电位与膜电位之和，即

$$\varphi_{玻璃} = \varphi_{AgCl/Ag} + \varphi_{膜} \qquad (8.4)$$

用玻璃膜电极测定 pH 的优点是不受溶液中氧化剂或还原剂的影响，玻璃膜电极不易因杂质的作用而中毒，能在胶体溶液和有色溶液中应用。玻璃膜电极不仅可用于溶液 pH 的测定，适当改变玻璃膜的组成后，也可用于 Na^+、Ag^+、Li^+ 等离子活度的测定。

2. 晶体膜电极

这类电极的敏感膜一般都是由难溶盐经过加压或拉制成单晶、多晶或混晶制成的。如测氟用的氟离子选择性电极，电极薄膜由掺有 EuF_2 的 LaF_3 单晶切片而成。将膜封在硬塑料管的一端，管内装 0.1mol/L NaCl 和 0.1～0.01mol/L NaF 混合溶液作内参比溶液。以 Ag/AgCl 作内参比电极（F^- 用以控制膜内表面的电位，Cl^- 用以固定内参比溶液的电位）。

同玻璃电极一样，对 F^- 响应的电极（阴离子选择电极），其膜电位与 F^- 活度之间的关系，遵守能斯特方程式。25℃时电极电位为

$$\varphi_{膜} = K - 0.059 \lg a_{F^-} = K + 0.059 pF^- \qquad (8.5)$$

该电极选择性好，使用前不需用水浸泡活化。

8.1.2　常用参比电极

参比电极是测量电池电动势、计算电极电位的基准，因此要求它的电极电位已知而且恒定。常用的参比电极有标准氢电极，甘汞电极，银—氯化银电极等。

甘汞电极由金属 Hg 和甘汞（Hg_2Cl_2）及 KCl 溶液组成。结构如图 8.2 所示，内玻璃管中封接一根铂丝，铂丝插入纯汞中，下置一层甘汞（Hg_2Cl_2）和汞的糊状物，外玻璃管中装入 KCl 溶液。电极下端与待测液接触部分是熔结陶磁芯或玻璃砂芯等多孔性物质。

甘汞电极可以写成　　　　　　Hg，$Hg_2Cl_{2(固)}$｜KCl

电极反应为 $$Hg_2Cl_2 + 2e^- \rightleftharpoons 2Hg + 2Cl^-$$

电极电位 $$\varphi_{Hg_2Cl_2} = \varphi^0_{Hg_2Cl_2} - 0.059lg\alpha_{Cl^-} \tag{8.6}$$

由式（8.6）可见，温度一定时，甘汞电极的电极电位决定于电极内部 Cl^- 的活度。

使用饱和甘汞电极时，KCl 溶液应是饱和的，电极下部一定要有固体 KCl 存在；内部电极必须浸泡在 KCl 饱和溶液中，且无气泡；使用时将橡皮帽去掉，不用时套上。

标准氢电极（NHE）是最精确的参比电极，是参比电极的一级标准，它的电位值规定在任何温度下都是零伏。但标准氢电极制作麻烦，使用不便，实际应用较少。

8.1.3 直接电位分析法

8.1.3.1 pH 值的测定

用电位法测得的实际上是 H^+ 的活度而不是浓度。最初，pH 的定义为 $pH = -lg[H^+]$，随着电化学理论的发展，发现影响化学反应的是离子的活度，而不能简单地认为是离子的浓度（溶液浓度很小时可用浓度代替活度）。因此 pH 被重新定义为 $pH = -lg\alpha_{H^+}$。

1. 测定原理

在测定溶液的 pH 值时，常用玻璃电极作指示电极，饱和甘汞电极作参比电极，与待测溶液组成工作电池，如图 8.3 所示，此电池可用下式表示：

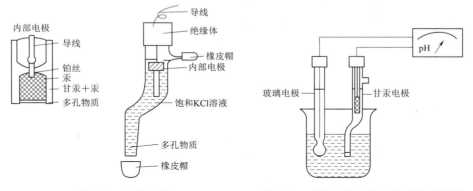

图 8.2　甘汞电极　　　　图 8.3　直接电位法测 pH 值的示意图

$$(-)Hg, Hg_2Cl_2 \mid KCl(饱和) \parallel 水样 \mid 玻璃膜 \mid HCl \mid AgCl, Ag(+)$$
$$\text{（饱和甘汞电极）} \qquad\qquad \text{（玻璃电极）}$$

经推导变换可知，电池的电动势 E 和溶液的 pH 值成直线关系，即
$$E = K' + 0.059pH$$

即 $$pH = \frac{E - K'}{0.059} \tag{8.7}$$

直接根据式（8.7）是不能计算出 pH 值的。在实际工作中，通常采用一 pH 值已确定的标准缓冲溶液作为基准，通过比较待测水样和标准缓冲溶液两个不同的工作电池的电动势来计算待测溶液的 pH 值。由式（8.7）可知

$$E_{标准} = K'_{标准} + 0.059 \text{pH}_{标准} \qquad E_{水样} = K'_{水样} + 0.059 \text{pH}_{水样} \tag{8.8}$$

若保持前后两次测量 $E_{标准}$、$E_{水样}$ 的条件不变，可以假定 $K'_{水样} = K'_{标准}$，则上列两式相减得 pH 值的实用定义（或工作定义），即

$$\text{pH}_{水样} = \text{pH}_{标准} + \frac{E_{水样} - E_{标准}}{0.059} \tag{8.9}$$

式中　$\text{pH}_{水样}$——待测试样的 pH 值；

　　　$\text{pH}_{标准}$——标准缓冲溶液的 pH 值；

　　　$E_{水样}$——测量待测试样 pH 值的工作电池的电动势；

　　　$E_{标准}$——测量标准缓冲溶液 pH 值的工作电池的电动势。

由式（8.9）可以看出当溶液的 pH 值改变一个单位时，电池的电动势改变 58.0mV。据此大多 pH 计上已将 E 换算成 pH 值的数值，故可由 pH 计上直接读取 pH 值的大小。

2. 测定方法

测定时先用已知 pH 值的标准缓冲溶液校正仪器刻度，然后进行测定。将电流计调零，选择一适当的标准缓冲溶液，将电极插入其中，调节仪器使读数为该标准缓冲溶液的 pH 值，洗净后将电极置于待测试液中，待数值稳定后记录下 pH 值。为了获得高精确度的 pH 值，也可采用两个标准 pH 缓冲溶液进行定位校正仪器。并要求待测试液的 pH 值尽可能落在这两个标准溶液的 pH 值之间。测量完毕，将玻璃电极取下，冲洗干净后浸泡在蒸馏水中。将甘汞电极取下、洗净、擦干，戴上橡胶帽。常见 pH 标准缓冲溶液 pH_s 值见表 8.1。

表 8.1　　　　　　　　　　常见 pH 标准缓冲溶液的 pH_s 值

标准缓冲溶液	pH_s 值								
	0℃	5℃	10℃	15℃	20℃	25℃	30℃	35℃	40℃
0.05mol/L 四草酸氢钾	1.668	1.669	1.671	1.673	1.676	1.680	1.684	1.688	1.694
饱和酒石酸氢钾（25℃）						3.559	3.551	3.547	3.547
0.05mol/L 邻苯二甲酸氢钾	4.006	3.999	3.996	3.996	3.998	4.003	4.010	4.019	4.029
0.025mol/L KH$_2$PO$_4$ 和 0.025mol/L Na$_2$PO$_4$	6.981	6.949	6.921	6.898	6.879	6.864	6.852	6.844	6.838
0.01mol/L 硼砂	8.458	8.391	8.330	8.276	8.226	8.182	8.142	8.105	8.072
饱和 Ca（OH）$_2$（25℃）	13.416	13.210	13.011	12.820	12.637	12.460	12.292	12.130	11.975

8.1.3.2　离子活度（或浓度）的测定

离子活度测定

水中某一特定离子的活度可用相应的离子选择性电极来测定。与测 pH 值类似，用选定的离子选择性电极作为指示电极，饱和甘汞电极作参比电极，与待测溶液组成工作电池。通过测量其电动势，来测算出待测溶液的离子活度（或浓度）。

1. 测定原理

以用氟离子电极测定 F$^-$ 活度（或浓度）为例。与玻璃电极类似，其电动势为

$$E = K' - 0.059 \lg \alpha_{F^-} \tag{8.10}$$

式（8.10）说明工作电池的电动势在一定实验条件下与待测离子的活度（或浓度）的对数值呈直线关系，因此通过测量电动势可测定待测离子的活度。

2. 测定方法

（1）标准曲线。首先，用待测离子的纯物质配制一系列浓度不同的标准溶液。并在其中加入一定的惰性电解质（称为总离子强度调节缓冲溶液，TISAB）。然后，在相同的测试条件下，用选定的指示电极和参比电极按浓度从低到高的顺序分别测定各标准溶液的电池电动势，绘制 $E - \lg C_i$ 图，即标准曲线如图 8.4 所示。对待测试液也进行同样的离子强度调节后，用同一对电极测其电动势 E_x，再从标准曲线上找出与 E_x 相应的浓度 C_x。

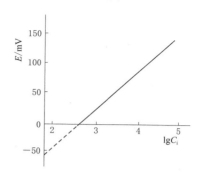

图 8.4　标准曲线

必须指出，离子选择性电极的膜电位依赖于离子活度，而不是浓度，只有离子活度系数固定不变时，电极的膜电位才与浓度的对数呈直线关系。

$$\varphi_{膜} = K \pm \frac{2.303RT}{nF} \lg \gamma_i C_i = K' \pm \frac{2.303RT}{nF} \lg C_i \qquad (8.11)$$

式中　γ_i——离子的活度系数；

　　　K'——在该离子强度下考虑了 γ_i 的新常数。

TISAB 溶液的组成为 NaCl（1mol/L）、CH_3COOH（0.25mol/L）、NaAc（0.75mol/L）及柠檬酸钠（0.001mol/L），它是一种不与测定离子反应，不污染或损害电极敏感膜的浓度很大的电解质溶液。将它加到标准溶液及试样溶液中，可使它们的离子强度基本上保持不变，从而使活度系数 γ_i 基本相同，以消除活度系数的影响。

（2）标准加入法。标准曲线法只能测定游离离子的浓度（或活度）。如要测定金属离子总浓度（包括游离的与络合的），则可采用标准加入法。

设一试液中待测离子浓度为 C_x，体积为 V_0，测得工作电池电动势为 E_1，E_1 与 C_x 符合

$$E_1 = K' + \frac{2.303RT}{nF} \lg x_1 \gamma_1 C_x \qquad (8.12)$$

式中　γ_1——该离子的活度系数；

　　　x_1——游离态离子的分数。

然后向试液中准确加入一小体积 V_s（约为试液体积的 1%）的待测离子的标准溶液（浓度为 C_s，此处 C_s 约为 C_x 的 100 倍），此时测得工作电池的电动势为 E_2。于是

$$E_2 = K' + \frac{2.303RT}{nF} \lg [x_2 \gamma_2 (C_x + \Delta C)] \qquad (8.13)$$

式中　γ_2——加入标准溶液后，该离子的活度系数；

　　　x_2——加入标准溶液后，游离态离子的分数；

　　　ΔC——加入标准溶液后，试样浓度的增加量。

由于 V_0 大约是 V_s 的 100 倍，$V_0+V_s \approx V_0$，故有

$$\Delta C = \frac{C_s V_s}{V_0} \qquad (8.14a)$$

又水样的活度系数可以认为保持恒定，即 $\gamma_1 = \gamma_2$，并假定 $x_1 = x_2$，则

$$\Delta E = E_2 - E_1 = \frac{2.303RT}{nF} \lg \left(1 + \frac{\Delta C}{C_0}\right) \qquad (8.14b)$$

令 $S = \dfrac{2.303RT}{nF}$（25℃时，$S = \dfrac{0.059}{n}$），则

$$\Delta E = S \lg \left(1 + \frac{\Delta C}{C_x}\right) \qquad (8.14c)$$

取反对数，则有

$$C_x = \Delta C (10^{\Delta E/S} - 1)^{-1} \qquad (8.15)$$

标准加入法的优点是不需要做标准曲线，操作简单快速，只需要一种标准溶液便可测量水样中被测离子的总浓度。

近年来离子选择性电极分析发展迅速，并在水质分析、环境监测中得到了广泛的应用。

8.1.4　电位滴定法

电位滴定法又称间接电位分析法，是基于滴定过程中电极电位的突跃来指示滴定终点的分析方法。可以有效地解决有色、混浊溶液以及找不到合适指示剂的各类滴定分析问题。

8.1.4.1　测定原理与仪器装置

电位滴定法所用的基本仪器装置如图 8.5 所示。它包括滴定管、滴定池、指示电极、参比电极、搅拌器、测量电动势用的电位计等。

电位滴定就是在待测试液中插入指示电极和参比电极组成化学电池。随着滴定剂的加入，由于发生化学反应，待测离子的浓度不断变化，指示电极的电位也相应发生变化，在计量点附近，离子浓度发生突变，指示电极的电位也相应发生突变。因此通过测量电池电动势的变化就能确定滴定终点。待测组分的含量仍通过耗用滴定剂的量来计算。在滴定过程中，每加一次滴定剂，就测定一次电动势，直到超过化学计量点为止，这样就得到一系列滴定剂用量 V 和相应的电动势 E 的数值。表 8.2 是以银电极作指示电极，

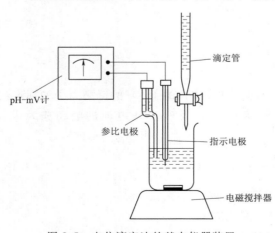

图 8.5　电位滴定法的基本仪器装置

饱和甘汞电极作参比电极，用 $0.1mol/L$ $AgNO_3$ 标准溶液滴定氯离子时所得到的实验数据。

表 8.2　　　　　　　$0.1mol/L$ $AgNO_3$ 溶液滴定含 Cl^- 溶液的数据

$AgNO_3$ /mL	E /mV	ΔE /mV	ΔV /mL	$\Delta E/\Delta V$	$\Delta^2 E$ /ΔV^2	$AgNO_3$ /mL	E /mV	ΔE /mV	ΔV /mL	$\Delta E/\Delta V$	$\Delta^2 E$ /ΔV^2
20	107	16	2	8		24.3	233	83	0.1	830	4400
22	123	15	1	15		24.4	316	24	0.1	240	−5900
23	138	8	0.5	16		24.5	340	11	0.1	110	−1500
23.5	146	15	0.3	50		24.6	351	7	0.1	70	−400
23.8	161	13	0.2	65		24.7	358	15	0.3	50	
24	174	9	0.1	90		25	373	12	0.5	24	
24.1	183	11	0.1	110		25.5	385	11	0.5	22	
24.2	194	39	0.1	390	2800	26	396				

8.1.4.2　滴定终点的确定

电位滴定法可以通过绘制滴定曲线来确定滴定终点，现利用表 8.3 的数据具体讨论确定终点的几种方法。

1. $E-V$ 曲线法

以加入滴定剂的体积 V 为横坐标，测得的电池电动势 E 纵坐标作图，如图 8.6（a）所示。滴定曲线的拐点即为滴定终点，所对应的体积为终点体积 V_{ep}。

作图法确定
终点方法

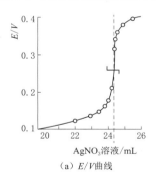

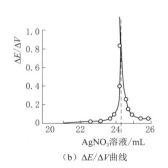

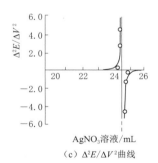

（a）E/V曲线　　　（b）$\Delta E/\Delta V$曲线　　　（c）$\Delta^2 E/\Delta V^2$曲线

图 8.6　电位滴定曲线

2. $(\Delta E/\Delta V)-V$ 曲线法

即一阶微商法，可以一阶微商值 $\Delta E/\Delta V$ 对平均体积 V 的作图，得一峰形曲线，如图 8.6（b）所示。峰尖所对应的体积 V 即为滴定终点的体积 V_{ep}。如果 $E-V$ 曲线突跃不明显，采用此法作图确定终点较为准确。

其中的 $\Delta E/\Delta V$ 是相邻两次测得电动势之差 ΔE 与相应的两次滴定剂体积差 ΔV 的比值，V 是相邻两次滴定剂体积的平均值。例如在 $24.30mL$ 和 $24.40mL$ 之间：

$$\frac{\Delta E}{\Delta V}=\frac{E_{24.40}-E_{24.30}}{24.40-24.30}=\frac{316-233}{24.40-24.30}=830，\quad V=\frac{24.40+24.30}{2}=24.35（mL）$$

二阶微商法
的计算方法

3．（$\Delta^2 E/\Delta V^2$）—V 曲线法

即二阶微商法，以 $\Delta^2 E/\Delta V^2$ 对 V 作图，如图 8.6（c）所示。显然 $\Delta^2 E/\Delta V^2 = 0$ 时就是滴定终点。其所对应的体积 V 即为滴定终点的体积 V_{ep}。

其中的 $\Delta^2 E/\Delta V^2$ 是相邻两次算得 $\Delta E/\Delta V$ 之差与相应的两次体积差 ΔV 的比值，V 是相邻两次 $\Delta E/\Delta V$ 对应的体积的平均值。例如在 24.30mL 处：

$$\frac{\Delta^2 E}{\Delta V^2} = \frac{\left(\dfrac{\Delta E}{\Delta V}\right)_2 - \left(\dfrac{\Delta E}{\Delta V}\right)_1}{\Delta V} = \frac{830 - 390}{24.35 - 24.25} = 4400$$

由于作图复杂，直接用数学计算的方法求终点体积 V_{ep}。由表 8.3 的数据，知滴定终点必在 $\Delta^2 E/\Delta V^2$ 为 $-5900 \sim 4400$ 之间，采用内插法，算出 $\Delta^2 E/\Delta V^2 = 0$ 时相对应的体积，即得到滴定终点的体积 V_{ep}。

由 $\dfrac{24.40 - 24.30}{-5900 - 4400} = \dfrac{V_{ep} - 24.30}{0 - 4400}$ 得 $V_{ep} = 24.30 + 0.10 \times \dfrac{4400}{10300} = 24.34 (\text{mL})$

8.1.5　电位滴定法的应用

电位滴定法在滴定分析中应用十分广泛，尤其在有色试样、浑浊试样及非水溶液的分析中具有显著优点。它的灵敏度高于用指示剂指示终点的滴定分析。

8.1.5.1　酸碱滴定

在酸碱滴定时溶液的 pH 发生变化，常用 pH 玻璃电极作指示电极，饱和甘汞电极作参比电极，在计量点附近，pH 突跃使指示电极电位发生突跃而指示出滴定终点。在水质分析中常用电位滴定法测定水中的酸度和碱度，用 NaOH 标准溶液或 HCl 标准溶液做滴定剂，通过 pH 计或电位滴定仪指示反应终点，用滴定（微商）曲线法，确定 NaOH 标准溶液或 HCl 标准溶液的用量，从而计算出水中的酸度和碱度。该法比较适合弱酸、弱碱及没有合适指示剂的非水滴定等。

8.1.5.2　配位滴定

配位滴定中（以 EDTA 为滴定剂），若共存杂质离子对所用金属指示剂有封闭、僵化作用而使滴定难以进行，电位滴定是一种好的方法。若用 EDTA 滴定金属离子（如 Cu^{2+}、Zn^{2+}、Cd^{2+}、Pb^{2+}、Ca^{2+}、Mg^{2+}、Al^{3+}），可以用第三类汞电极作指示电极。此外，还可用离子选择电极作指示剂。如，以钙离子选择性电极为指示电极，可以用 EDTA 滴定 Ca^{2+} 等。

8.1.5.3　沉淀滴定

在沉淀滴定时，应根据不同的沉淀反应采用不同的指示电极。例如以硝酸银标准溶液滴定卤素离子时，可以用银电极作指示电极，也可以用卤化银薄膜电极或硫化银薄膜电极等离子选择性电极作指示电极。

8.1.5.4　氧化还原滴定

在氧化还原滴定中，可以用铂电极作指示电极，饱和甘汞电极作参比电极。例如，用 $KMnO_4$（或 $K_2Cr_2O_7$）标准溶液滴定 Fe^{2+}、Sn^{2+}、I^-、NO_2^- 等离子。

近年来随着电子技术的发展，目前开发应用了许多的自动电位滴定仪，它们的生产和使用，大大简化了操作过程，加快了分析速度。

任务8.2　电　导　分　析　法

电导率是以数字表示溶液传导电流的能力。纯水的电导率很小，但当水被污染而溶解各种盐类时，水的电导率增大，水的导电能力增加。通过测定水的电导率，可以间接推测水中离子成分的总浓度，从而了解水源矿物质污染的程度。电导率通常用电导率仪测定。

8.2.1　基本原理

将两个电极（通常用铂电极或铂黑电极）插入电解质溶液中，测出两电极间的电阻 R。根据欧姆定律，温度一定时，电阻与电极间距离 L 成正比，与电极截面积 A 成反比。即

$$R = \rho \frac{L}{A}$$

式中　ρ——电阻率。

电阻率的倒数 $\frac{1}{\rho}$ 称为电导率（用 K 表示）；因为电极面积 A 与间距 L 都固定不变，所以 L/A 也是常数，称为电极常数（用 Q 表示）。

又因为电导（用 G 表示）是电阻的倒数，所以

$$G = \frac{1}{R}$$

于是我们得到电导率的公式为

$$K = Q\,G = \frac{Q}{R} \tag{8.16}$$

电极常数 Q 值，可通过测定已知电导率的 KCl 溶液的电导，用下式求得，即

$$Q = \frac{K_{KCl}}{S_{KCl}} = K_{KCl}R_{KCl} \tag{8.17}$$

所以，当已知电极常数 Q，并测出水样的电阻后，就可以通过式（8.16）求出水样的电导率。

8.2.2　测量仪器

在实际工作中，人们通常使用电导仪或电导率仪。比较常用的是 DDS–11 型电导仪，其组成原理如图 8.7 所示。

由振荡器产生交流电压 V，并被送到电导池 R_x 和分压电阻 R_m 的串联回路中，由欧姆定律可知：

$$V_m = \frac{R_m}{R_m + R_x}V = \frac{R_m}{R_m + \frac{1}{G}}V \tag{8.18}$$

电导池里溶液的电导 S 越大，R_x 越小，R_m 获得的分压就越大。将 V_m 送到

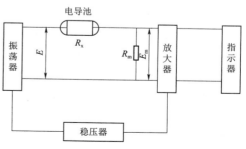

图 8.7　DDS–11 型电导仪测定原理图

115

交流放大器中放大，再经过信号整流，转换成直流信号输出推动表头，在表头上就能直接读出电导值。

在 DDS-11 型电导仪基础上人们又开发出了 DDS-11 型电导率仪，在此仪器上增加了一个电极常数旋钮，若将此旋钮置于 1，则表头显示电导值，若将它的刻度旋转到所用电极的电极常数，则表头显示直接电导率的大小。

8.2.3　电导分析法在水质分析中的应用

利用电导仪测定水的电导率，可判断水质状况；在水质分析中，水的电导是一个很重要的指标，因为它反映了水中存在电解质的程度。

8.2.3.1　检验水质的纯度

为了证明高纯水的质量，应用电导法是最适宜的方法。25℃时，绝对纯水的理论电导率为 $0.055\mu S/cm$。一般用电导率大小检验蒸馏水、去离子水或超纯水的纯度。例如，超纯水的电导率为 $0.01\sim0.1\mu S/cm$，新蒸馏水为 $0.5\sim2\mu S/cm$，去离子水为 $1\mu S/cm$ 等。

8.2.3.2　判断水质状况

通过电导率的测定可初步判断天然水和工业废水被污染的状况。例如，饮用水的电导率为 $50\sim1500\mu S/cm$，清洁河水为 $100\mu S/cm$，天然水为 $50\sim500\mu S/cm$。

8.2.3.3　估算水中溶解氧

利用某些化合物和水中溶解氧发生反应而产生能导电的离子成分，从而可以测定溶解氧。一般每增加 $0.035\mu S/cm$ 的电导率相当于 1ppb 溶解氧。

8.2.3.4　估计水中可溶盐的含量

水中所含溶解盐类越多，水的离子数目越多，水的电导率就越高。

8.2.3.5　电导滴定法

利用电导滴定法测定稀溶液中的离子浓度。电导滴定法是利用滴定过程中被测溶液电导的突变来确定滴定终点的方法。在稀溶液中，恒温条件下，离子的浓度与它产生的电导成正比。

思 考 题 与 习 题

项目 8 答案

1. 什么叫参比电极和指示电极？有哪些类型？它们的主要作用是什么？

2. 单独一个电极的电极电位能否直接测定？怎样才能测定？

3. 以 pH 玻璃电极为例，简述膜电位的产生机理。

4. 直接电位法的依据是什么？为什么用此法测定溶液 pH 时须使用 pH 标准缓冲溶液？

5. 离子选择性电极有哪些类型？举例说明各类电极的基本结构和主要特点。

6. 简述电导分析法的基本原理及其在水质分析中的应用。

7. 用玻璃电极测定水样 pH 值。将玻璃电极和另一参比电极浸入 pH＝4 的标准缓冲溶液中，组成的原电池的电极电位是 -0.14V；将标准缓冲溶液换成水样，测得电池的电极电位是 0.03V，求水样的 pH 值。

8. 用银电极作指示电极，用硝酸银溶液滴定氯离子，计算银电极在计量点时的电位。已知 $E^0_{Ag^+/Ag} = 0.800V$，氯化银的溶度积 $K_{sp} = 1.8 \times 10^{-10}$。

9. 将钙离子选择电极和一参比电极浸入 100mL 含 Ca^{2+} 水样中，测得电池的电极电位是 0.415V；加入 3mL0.145mol/L 的 Ca^{2+} 标准溶液，测得电池的电极电位是 0.430V。计算水样中 Ca^{2+} 的浓度（mol/L）？

气 相 色 谱 法

【学习目标】

掌握色谱法基本原理，了解气相色谱仪构造，掌握色谱分析方法。

【具体内容】

色谱法、色谱法分类与特点、色谱分离原理、色谱图与有关术语、气相色谱仪的构造、包相色谱定性定量分析技术、气相色谱法在水质分析中的应用。

色谱分析法是一种重要的分离分析技术。气相色谱法是一种以气体为流动相的色谱分离分析方法，具有分离效率高、灵敏度高、分析速度快及应用范围广等特点，是国民经济各行业生产和科研中的重要分析方法。

任务9.1 色 谱 法 概 述

色谱法又称层析法，是一种物理化学分离分析方法。它是利用不同物质在固定相和流动相中具有不同的亲和力，当两相做相对运动时，这些物质在两相中反复多次分配，从而使各物质得到完全的分离。色谱法现已成为分离混合物和鉴定化合物的有效方法。不仅可用于分离有色物质，而且大量用于分离无色物质。随着科学技术的发展，现在已将色谱仪与质谱、红外光谱、核磁共振等仪器联用，利用计算机工作站进行数据处理，可以迅速完成定性定量分析。

色谱法具有高效能、高灵敏度、高选择性、分析速度快、应用范围广等优点，但其对物质的定性能力差，不适于难挥发和对热不稳定物质的分析。

色谱法的分类方法较多，主要有以下几种。

9.1.1 色谱法按两相状态分类

色谱分离
图示

色谱法中共有两相（相就是指界面）即固定相和流动相。如流动相是气体就叫气相色谱，流动相为液体则叫液相色谱。同样固定相也可有两种状态，即固体吸附剂还是固定液（附着在惰性载体上的一薄层有机化合物液体）。因此，按两相状态可将色谱分为四类：气—固色谱（GSC），气—液色谱（GLC）；液—固色谱（LSC），液—液色谱（LLC）

色谱法的
分类

9.1.2 色谱法按固定相的性质分类

（1）柱色谱：固定相在色谱柱中，样品沿一个方向移动而分离。共分两大类。

1）填充柱色谱：固定相填充在一根玻璃或金属管内（一般长度为 5m，内径为 5mm）。

2）毛细管柱色谱：固定相附着在一根细管内壁上（一般长 10～100m，内径为 0.2～0.5mm），管中心是空的。又叫开管柱色谱或称毛细管柱色谱。

（2）纸色谱（又称纸层析）：用滤纸作固定相，把试样点在滤纸上，用溶剂将它展开，根据各组分在纸上的位置和大小可进行定性定量分析。

（3）薄层色谱（又称薄板层析）：固定相为涂在玻璃板上的吸附剂粉末薄层。

任务9.2 气相色谱法的基本原理

气相色谱法分为气-固色谱法和气-液色谱法，二者有所不同。

气-固色谱中的固定相是一种具有多孔性及较大表面积的吸附剂，经研磨成一定大小的颗粒。试样中各组分的分离是基于固体吸附剂对各组分的吸附能力的不同。气-液色谱中的固定相是在化学惰性的固体微粒（此固体是用来支持固定液的，称为担体）表面上，涂的一层高沸点有机化合物的液膜。这种高沸点有机化合物称为固定液。试样中各组分的分离是基于各组分在固定液中的溶解度不同。

如图 9.1 所示，试样由载气携带进入柱子时，立即被固定相吸附或溶解。载气不断流过吸附剂时，吸附或溶解着的被测组分又被脱附或挥发到气相中去。脱附或挥发的组分随着载气继续前进时，又可被前面的固定相吸附或溶解。随着载气的流动，被测组分在两相间反复进行着吸附—脱附或溶解—挥发过程。由于试样中各组分的性质不同，它们在固定相上的吸附或溶解能力就不一样，较难被吸附或溶解的组分就容易被脱附或挥发，较快地移向前面。容易被吸附或溶解的组分就不易被脱附或挥发，向前移动得慢些。经过一定时间，通过一定量的载气后，试样中的各个组分就彼此分离而先后流出色谱柱。

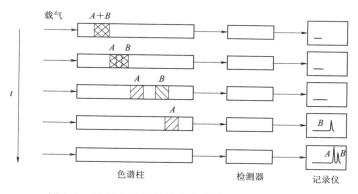

图 9.1 试样中被测组分在色谱柱中的分离示意图

物质在固定相和流动相（气相）之间发生吸附、脱附（或溶解、挥发）的过程，叫作分配过程。被测组分按其吸附和脱附能力（或溶解和挥发能力）的大小，以一定比例分配在固定相和气相之间。吸附能力（或溶解度）大的组分分配到固定相中的量较多，气相中的量较少，而吸附能力（或溶解度）小的组分分配到固定相中的量较少，气相中的量却较多。在一定温度下组分在两相之间分配达到平衡时的浓度比，称为分配系数，用 K 表示。

$$K = \frac{\text{组分在固定相中的浓度}}{\text{组分在流动相中的浓度}} = \frac{C_G}{C_L} \tag{9.1}$$

分配系数是由组分和固定相的热力学性质决定的，它是组分物质的特征值，仅与固定相和温度两个变量有关，而与两相体积、柱管的特性以及所使用的仪器无关。

一定条件下，各组分物质在两相之间的分配系数是不同的。显然，具有小的分配系数的组分，每次分配后在气相中的浓度较大，因此在柱中停留的时间短，较早流出色谱柱。而分配系数大的组分，则由于在每次分配后在气相中的浓度较小，因而在柱中停留时间长，流出色谱柱的时间迟。当分配次数足够多时，就能将不同的组分分离开来。由此可见，气相色谱的分离原理是基于不同物质在两相间具有不同的分配系数。当两相做相对运动时，试样中的各组分就在两相中进行多次的分配，由于各组分在柱中停留时间不同，从而各组分先后离开色谱柱，彼此分离开来。

任务 9.3　色谱流出曲线及有关术语

9.3.1　色谱流出曲线

试样中各组分经色谱柱分离后，随载气依次流出色谱柱进入检测器，经检测器转换为电信号，经放大器放大后在记录器上记录下来。所记录的电信号-时间曲线称为色谱流出曲线，又称色谱图，如图 9.2 所示。它是色谱柱分离结果的反映，是进行定性和定量分析的基础。

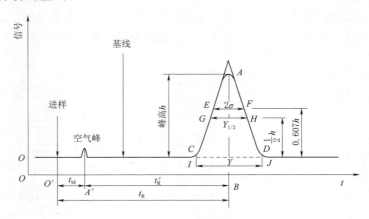

图 9.2　色谱流出曲线图

9.3.2　有关色谱术语

9.3.2.1　基线

基线：在实验条件下，只有当纯流动相，通过检测器时所得到的信号-时间曲线，

色谱图及
常用术语

称为基线，如图 9.2 中的 OO'。它反映了检测器系统噪声随时间的变化。

基线漂移：稳定的基线是一条直线，但由于操作条件（如浓度，流动相速度）、检测器及附属电子元件的工作状态的变更，使基线朝一定方向缓慢变化，称为基线漂移。

基线噪声：由于各种未知的偶然因素，如流动相的速度、温度、固定相的挥发、外界电信号干扰等，引起基线的起伏，称为基线噪声。

9.3.2.2 色谱峰区域宽度

峰高 h：色谱峰顶点与基线间的垂直距离。

标准偏差 σ：0.607 倍峰高处色谱峰宽度的一半，即 EF 的一半。

峰宽 Y：即峰底宽度，从峰两边的拐点作切线于基线上交点 I、J 间的距离。$Y=4\sigma$。

半峰宽 $Y_{1/2}$：峰高一半处色谱峰的宽度，即 G、H 间距离。$Y_{1/2}=2.354\sigma$。

9.3.2.3 保留值

表示试样中各组分在色谱柱中的滞留时间的数值。通常用时间或用将组分带出色谱柱所需载气的体积来表示。

（1）死时间 t_0：指不被固定相吸附或溶解的组分（如空气）通过色谱柱所需的时间。在色谱图上即为从进样开始到色谱峰顶（即浓度最大值）所对应的时间。死时间主要与柱前后的连接管道和柱内固定相颗粒内及之间的空隙体积的大小有关。

（2）保留时间 t_R：指被测组分从进样开始到色谱峰顶所对应的时间，如图 9.2 中的 t_R。

（3）调整保留时间：指扣除死时间后的保留时间，如图 9.2 中的 t_R'。

$$t_R' = t_R - t_0 \tag{9.2}$$

此参数可理解为：该组分由于溶解或吸附于固定相，比不溶解或不被吸附的组分在色谱柱中多滞留的时间。

（4）死体积 V_0：为死时间 t_0 内通过色谱柱的流动相体积，即流动相在柱内所占的体积。是指色谱柱在填充后柱管内固定相颗粒间所剩留的空间、色谱仪中管路和连接头间的空间以及检测器的空间的总和。

$$V_0 = t_0 \cdot F_c \tag{9.3}$$

式中 F_c——色谱柱出口的载气体积流速，mL/min。

（5）保留体积 V_R：流动相携带样品进入色谱柱，从进样开始到出现峰极大值所通过的载气体积。即保留时间 t_R 内通过色谱柱的流动相体积。

$$V_R = t_R \cdot F_c \tag{9.4}$$

（6）调整保留体积 V_R'：扣除死体积后的保留体积。

$$V_R' = V_R - V_0 \tag{9.5}$$

当载气流速大，保留时间相应降低，两者乘积仍为常数，因此保留体积 V_R 与载气流速无关。同样，V_0 与载气流速无关，死体积反映了柱和仪器系统的几何特性，它与被测物的性质无关。故保留体积值中扣除死体积后将更合理地反映被测组分的保留特性。

（7）相对保留值 r_{12}：指某组分 1 的调整保留值与另一组分 2 的调整保留值之比。

相对保留值与色谱柱的柱径、柱长、填充状况及流动相的流速无关，只要柱温、固定相性质不变，相对保留值就保持不变。它是色谱定性分析的重要参数。

$$r_{12}=\frac{t'_{R1}}{t'_{R2}}=\frac{V'_{R1}}{V'_{R2}} \tag{9.6}$$

r_{12} 可用来表示固定相（色谱柱）的选择性。r_{12} 越大，两组分的相差越大，色谱峰的峰间距离越大，分离得越好。如果 $r_{12}=1$，则两组分色谱峰重合，没有分离。

保留值是由色谱分离过程中的热力学因素所控制的，在一定的固定相和操作条件下，任何一种物质都有一确定的保留值，这样就可用作定性参数。

任务 9.4　气相色谱仪

一般常用的气相色谱仪主要包括气路系统（包括载气钢瓶、净化器、流量控制和压力表等）、进样系统（包括气化室、进样两部分）、分离系统（色谱柱）、温度控制系统以及检测和记录系统这五大系统组成，具体组成如图 9.3 所示。

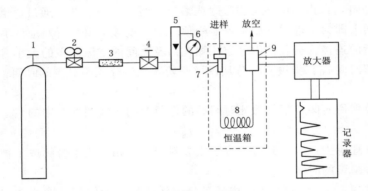

图 9.3　气相色谱仪流程示图

1—载气钢瓶；2—减压阀；3—净化器；4—调节阀；5—转子流量计；
6—压力表；7—气化室；8—色谱柱；9—检测器

气相色谱法对样品组分的分离和分析的基本过程如图 9.3 所示。流动相载气由高压钢瓶 1 供给，流过减压阀 2、净化器 3、调节阀 4、转子流量计 5 和压力表 6 后，以稳定的压力和恒定的流速连续流过气化室 7、色谱柱 8、检测器 9 后放空。

气相色谱仪
结构

9.4.1　气路系统

气相色谱仪的气路系统是一个能连续运行载气的密封管路系统。通过该系统，可获得纯净的、流速稳定的载气，这是进行气相色谱的必备条件。对气路系统的要求是载气纯净、密封性好、流速稳定、流速控制方便和测量准确等。

9.4.2　进样系统

进样是将气体、液体样品定量快速地注入色谱柱。进样量、进样速度和样品气化速度等都影响色谱柱的分离效率及定量结果的准确度和重现性。进样系统包括进样器和气化室。

气化室是将液体样品瞬间气化为蒸气的装置，使待测组分迅速地被载气带进色谱柱而达到分配或吸附平衡。

9.4.3 分离系统

分离系统由色谱柱构成，它是色谱仪的核心部件，其作用是分离样品。色谱柱可视为气相色谱仪的心脏，安装在有温度控制装置的柱室内。

9.4.4 温度控制系统

湿度控制系统用于设置、控制和测量气化室、柱室和检测室等处的温度。气相色谱分析中，温度影响着色谱柱的分离效果和选择性及检测器的灵敏度和稳定性。一般要对气路系统中的气化室、层析室（色谱柱）、检测器三部分进行温度控制。

9.4.4.1 气化室温度

气化室温度应达到足以使样品瞬间气化，而又不致引起其分解的温度。一般控制气化室温度在试样的沸点或稍高于沸点。对热不稳定性样品，可采用高灵敏度检测器，大大减少进样量，使气化温度降低。

9.4.4.2 层析室温度（柱温）

柱室温度会影响柱的选择性和柱效，因此柱室的温度控制要求精确。层析室的温控方式根据需要可以有恒温和程序升温两种。柱温高，分析时间短；柱温低，分离效果好。一般柱温应等于或略高于样品平均沸点，这时洗脱所需时间较为合适（2～3min）。

对于沸点范围很宽的混合物，色谱柱仅在某一温度下难以实现对样品中各个组分的分离，需要采用程序升温法进行分析。即在一个分析周期内，柱温随时间连续地由低温到高温呈线性或非线性变化，使各组分在其最佳柱温下流出，以改善分离效果，缩短分析时间。通常要求色谱柱使用温度范围宽，控温精度高，热容小，升降温快，保温好。

9.4.4.3 检测器温度

除氢火焰离子化检测器外，其他检测器对温度的变化都很敏感，特别是热导池检测器，温度的变化直接影响检测器的灵敏度和稳定性，因此必须严格控制检测器的温度。为保证柱后流出的组分不至于冷凝在检测器上，检测室温度必须比柱温高几十度。若为恒温操作，检测器温度应等于或略高于柱温；若为程序升温操作，则检测器温度应控制在最高柱温。对氢火焰离子化检测器而言，其温度则应控制在 $100℃$ 以上，以防止水蒸气冷凝和积水。

9.4.5 检测和记录系统

样品经色谱柱分离后，各成分按保留时间不同，顺序地随载气进入检测器，检测器把进入的组分按时间及其浓度或质量的变化，转化成易于测量的电信号。经放大后再送到记录器进行记录，得到该混合样品的色谱流出曲线。

任务9.5 气相色谱分析方法

对某一试样进行色谱分析，首先是分离，然后进行定性和定量分析。分离是核心环节，分离的好坏又借助于定性分析，定量分析是色谱分析的目的。

9.5.1　定性分析

气相色谱的定性分析就是要确定各色谱峰究竟代表何种组分，可根据保留值及其相关的值来进行判断。

9.5.1.1　保留值法

这个方法基于在一定的色谱操作条件下，每种物质都有一确定的保留值（t_R 或 V_R），为其特征值，一般不受其他组分的影响。在相同的操作条件下，分别测出待测物质各组分和标准物（已知纯物质）的保留值，在色谱图中，待测物质的某一组分若与标准物的保留值（t_R 或 V_R）相同，则该组分即与标准物为同一物质。

9.5.1.2　相对保留值法

利用绝对保留值进行定性分析的重现性差。而相对保留值只与柱温、固定相的性质有关，与其他操作条件无关。利用相对保留值定性比用保留值定性更为方便、可靠。可先测出待测物质各组分、标准物和基准物（另一已知纯物质）的调整保留值（t_R' 或 V_R'），再求出它们的相对保留值 r_{12}，进行定性比较即可。常用基准物有苯、正丁烷、对二甲苯、环己烷等。

9.5.1.3　峰高增加法

如果未知样品较复杂，各组分的色谱峰很接近，可采用在未知混合物中加入一已知的标准物质来进行测定。通过比较标准物质加入前后色谱图的变化情况来确定未知物成分。若某一色谱峰明显增高，则可认为此峰代表该标准物质，试样中含有该标准物质成分。

9.5.1.4　文献值和经验规律法

当没有待测组分的纯标准样时，可用文献值定性，或用气相色谱中的经验规律定性。

9.5.1.5　与其他仪器配合定性

对于复杂试样可先经色谱柱分离成单个组分，然后利用质谱、红外光谱、核磁共振等仪器定性。近年来色谱 - 质谱（GC - MS）联用是分离、鉴定未知物最有效的手段。

9.5.2　定量分析

气相色谱定量分析

色谱分析的主要目的之一是对样品定量。定量分析的依据是在一定操作条件下，被测组分的量 m_i 与检测器的响应信号（峰面积 A_i 或峰高 h_i）成正比，即

$$m_i = f_i \cdot A_i \tag{9.7}$$

或
$$m_i = f_i \cdot h_i \tag{9.8}$$

其中比例常数 f_i 称为定量校正因子（校正因子）。

因此，要进行定量分析必须准确地测量出峰面积 A_i（或峰高 h_i）和定量校正因子 f_i，选用合适的定量计算方法。

9.5.2.1　峰面积的测量方法

峰面积是色谱图提供的基本定量数据，峰面积测量的准确与否直接影响测定结果。不同峰形的色谱峰采用不同的测量方法。

1. 对称峰面积的测量——峰高乘半峰宽法

对称峰面积可近似看成一个等腰三角形，峰面积为峰高乘以半峰宽，即

$$A_i = 1.065 h_i Y_{1/2} \tag{9.9}$$

式中　A_i——i 组分的峰面积；

　　　h_i——i 组分的峰高；

　　　$Y_{1/2}$——半峰宽。

一般在测定样品计算相对含量时，式（9.9）中的 1.065 可略去，但在绝对测量时（如灵敏度、绝对法计算含量等），应乘以系数 1.065。

2. 不对称峰面积的测量——峰高乘平均峰宽法

对于不对称峰的测量如仍用峰高乘半峰宽，误差就较大，因此采用峰高乘平均峰宽法，即

$$A_i = \frac{1}{2}(Y_{0.15} + Y_{0.85}) h_i \tag{9.10}$$

式中　$Y_{0.15}$、$Y_{0.85}$——$0.15h_i$、$0.85h_i$ 处的峰宽。

3. 自动积分仪法

目前的色谱仪都配有电子积分仪或微处理机，甚至计算机工作站。峰面积数据和保留时间能自动打印出来，其精密度一般可达 $0.2\% \sim 2\%$。

9.5.2.2　校正因子的测定

色谱定量分析是基于峰面积与组分含量成正比的关系，但由于同一检测器对不同物质具有不同的响应值。即对不同物质，检测器的灵敏度不同。所以两个相等量的物质得不出相等峰面积。或者说，相同的峰面积并不意味着相等物质的量。为了使检测器产生的响应信号能真实地反映出物质的量，就要对响应值进行校正而引入定量校正因子。

1. 绝对定量校正因子

在一定色谱条件下，组分 i 的质量 m_i 或浓度，与峰高 h_i 或峰面积 A_i 成正比，比例系数即为相应的绝对校正因子，其公式为

$$f_i = \frac{m_i}{A_i} \tag{9.11}$$

式（9.11）中 m_i 采用不同的计量单位，相应的绝对定量校正因子可分别称为质量校正因子 f_m、摩尔校正因子 f_{mol} 和体积校正因子 f_v。

2. 相对定量校正因子

由于不易直接得到准确的绝对校正因子，在实际定量分析中常采用相对校正因子。组分的绝对校正因子 f_i 和标准物的绝对校正因子 f_s 之比即为该组分的相对校正因子 $f_{i/s}$，见式（9.12）。实际使用时通常把相对二字略去。

$$f_{i/s} = \frac{f_i}{f_s} = \frac{m_i/A_i}{m_s/A_s} = \frac{m_i A_s}{m_s A_i} \tag{9.12}$$

9.5.2.3　定量方法

1. 标准曲线法

标准曲线法又称外标法，用待测组分的纯物质配成不同浓度的标准溶液，以一定

的体积分别进样，进行色谱分析。获得各种浓度下对应的峰面积，画出峰面积 A（或峰高 h）与浓度 C 的标准曲线。分析时，要在相同色谱条件下，进同样体积的待测样品，根据所得峰面积 A（或峰高 h），从标准曲线上可查出待测组分的浓度。

外标法操作和计算都很简便，不必用校正因子。但要求色谱操作条件稳定，进样重复性好，且标准曲线要经常标定，否则对分析结果影响较大。

2. 归一化法

归一化法是气相色谱中常用的一种定量方法。应用这种方法的前提条件是试样中各组分必须全部流出色谱柱，并在色谱图上都出现色谱峰。当测量参数为峰面积时有

$$C_i(\%) = \frac{m_i}{m_1 + m_2 + \cdots + m_n} \times 100 = \frac{f_i A_i}{f_1 A_1 + f_2 A_2 + \cdots + f_n A_n} \times 100 \quad (9.13)$$

式中　f_i——i 组分的校正因子；

　　　A_i——i 组分的峰面积；

　　　m_i——i 组分的量；

　　　C_i——i 组分的百分含量，%。

归一化法的优点是简便准确，当操作条件如进样量、载气流速等变化时对结果的影响较小。但其要求试样中全部组分都必须流出色谱柱，因此应用时受到一定的限制。

如果试样中各组分的校正因子 f_i 值很接近，则可用峰面积归一化法，即

$$C_i(\%) = \frac{A_i}{A_1 + A_2 + \cdots + A_n} \times 100 \quad (9.14)$$

当测量参数为峰高 h 时，则上面各式中的 A_i 改为 h_i 即可。

3. 内标法

当只要测定试样中某几个组分，或试样中所有组分不能全部出峰时，不能应用归一化法，可采用内标法。所谓内标法是将一定量的纯物质（试样中不含有）作为内标物，加入到准确称取的试样中，根据被测物和内标物的量及其在色谱图上相应的峰面积比，可求出某组分的含量。

$$\because \qquad \frac{m_i}{m_s} = \frac{A_i \cdot f_i}{A_s \cdot f_s} \quad (9.15)$$

$$\therefore \qquad m_i = \frac{A_i f_i m_s}{A_s f_s} = \frac{f_i m_s}{f_s} \cdot \frac{A_i}{A_s} = f_{i/s} \cdot \frac{A_i}{A_s} \cdot m_s \quad (9.16)$$

$$\therefore \qquad C_i(\%) = \frac{m_i}{m} \times 100 = f_{i/s} \cdot \frac{m_s}{m} \cdot \frac{A_i}{A_s} \times 100 \quad (9.17)$$

此法优点是定量较准确，不用测出校正因子，但每次分析都要准确称取试样和内标物，比较费时，不宜于作快速控制分析。

【例 9.1】 用色谱分离测定乙酸甲酯、丙酸甲酯和正丁酸甲酯混合物中各组分含量。相关数据见表 9.1。

表9.1   各组分的峰面积及校正因子

组　　分	乙酸甲酯	丙酸甲酯	正丁酸甲酯
峰面积/mm²	18.1	43.6	29.9
校正因子 f	0.60	0.78	0.88

解： $C_{乙酸甲酯}(\%) = \dfrac{18.1 \times 0.60}{18.1 \times 0.60 + 43.6 \times 0.78 + 29.9 \times 0.88} \times 100 = 15.26\%$

$C_{丙酸甲酯}(\%) = \dfrac{43.6 \times 0.78}{18.1 \times 0.60 + 43.6 \times 0.78 + 29.9 \times 0.88} \times 100 = 47.78\%$

$C_{正丁酸甲酯}(\%) = \dfrac{29.9 \times 0.88}{18.1 \times 0.60 + 43.6 \times 0.78 + 29.9 \times 0.88} \times 100 = 36.96\%$

【例9.2】 称取工业用苯甲酸试样 150mg 溶于甲醇，加入内标物正庚烷 50mg，进样后测得苯甲酸的峰面积为 176mm²，正庚烷的峰面积为 53mm²，$f_{苯甲酸/正庚烷}$ 为 0.85，求样品的纯度。

解： $C_{苯甲酸}(\%) = \dfrac{50 \times 0.85 \times 176}{150 \times 53} \times 100 = 94.09\%$

任务9.6　气相色谱法在水质分析中的应用举例

气相色谱法由于具有分离分析能力，在环境监测、水质分析中的应用十分广泛，尤其是对多组分有机物的分离分析，更能发挥其高效、准确的特性。

9.6.1　用溶剂萃取气相色谱法测定水中卤仿

目前饮用水处理中广泛采用氯消毒，这一过程会产生 $CHCl_3$（氯仿）、CCl_4（四氯化碳）、$CHCl_2Br$（一溴二氯甲烷）、$CHClBr_2$（二溴一氯甲烷）、$CHBr_3$（溴仿）等有机卤代物，这些物质具有致癌和被肝肾中毒等潜在的危险。我国规定饮用水中氯仿 $CHCl_3$ 含量小于 60ppb。

采用溶剂萃取气相色谱法测定水中的卤仿含量，其方法简单、可靠、准确度和灵敏度都高。图9.4是某水厂自来水气相色谱图。

9.6.2　污水中酚类化合物的测定

酚类化合物是一种细胞原浆毒物，会造成各种神经系统症状和消化道症状。酚类化合物多有恶臭，特别是苯酚、甲苯酚、苯二酚等在饮水加氯消毒时，能形成臭味更强烈的氯酚，往往引起饮用者的反感。我国地面水中规定挥发酚的最高允许浓度为 0.1mg/L（Ⅴ类水），生活饮用水水质标准中规定挥发酚类不超过 0.002mg/L。

思　考　题　与　习　题

1. 色谱分离的本质是什么？色谱法的分类有哪些？
2. 解释色谱流出曲线有关名词和色谱基本参数的意义。
3. 简要说明气相色谱的组成及各部分的作用。

项目9答案

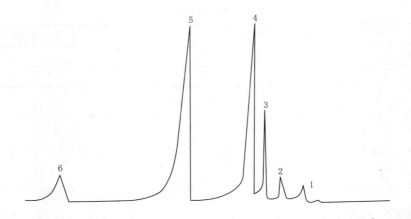

图 9.4　某水厂自来水气相色谱图

1—溶剂；2—氯仿；3—四氯化碳；4——溴二氯甲烷；5—二溴一氯甲烷；6—溴仿

4. 色谱定性的依据是什么？主要有哪些定性方法？

5. 色谱定量分析中，为什么要用定量校正因子？在什么情况下可以不用校正因子？

6. 有哪些常用的色谱定量方法？试比较它们的优缺点及适用情况。

7. 采用氢火焰离子化检测器，分析乙苯和二甲苯异构体，测得数据见表 9.2。计算各组分的含量。

表 9.2　　　　　　　各组分的峰面积及校正因子

组　　分	乙苯	对二甲苯	间二甲苯	邻二甲苯
峰面积/mm^2	120	75	140	105
校正因子 f_i	0.97	1.00	0.96	0.98

8. 用标准丁二烯作外标，分析含丁二烯、丙炔和乙烯基乙炔的混合气体。取 1mL 73.8$\mu g/mL$ 标准丁二烯，注入色谱分析仪，测得峰高 14.4cm，半峰宽 0.6cm。再取试样 1mL，同样条件下进行色谱分析，测得数据见表 9.3。求：（1）丁二烯的 K 值，[单位峰面积（cm^2）所相当的丁二烯含量，以 $\mu g/cm^2$ 表示]；（2）丙炔的含量，以 $\mu g/mL$ 表示。

表 9.3　　　　　　各组分的峰高、半峰宽及校正因子

组　　分	丁二烯	丙炔	乙烯基乙炔
峰高/cm	12.6	1.2	0.6
半峰宽/mm	0.6	0.7	1.4
校正因子 f	1	0.75	1

9. 在测定苯、甲苯、乙苯、邻二甲苯的峰高校正因子时，称取各组分的纯物质质量及在一定色谱条件下所得色谱图上各种组分色谱峰的峰高见表 9.4。

表 9.4   各组分的质量及峰高

组　　分	苯	甲苯	乙苯	邻二甲苯
质量/g	0.5967	0.5478	0.6120	0.6680
峰高/cm	180.1	84.4	45.2	49.0

求各组分的峰高校正因子，以苯为标准。

10. 为了测定混合样品中组分 i 的含量，称 1.80g 混合样，加入 0.400g 内标物 s，混匀后进样，从所得色谱图上测得 $A_i = 27.0 \mathrm{m}^2$，$A_s = 250 \mathrm{m}^2$，$f_{w(i)} = 1.11$，计算组分 i 的百分含量。

弱酸、弱碱在水中的离解常数（25℃，I＝0）

弱 酸 名 称		K_a	pK_a
砷酸	H_3AsO_4	6.3×10^{-3} (K_{a1})	2.20
		1.0×10^{-7} (K_{a2})	7.00
		3.2×10^{-12} (K_{a3})	11.50
硼酸	H_3BO_3	5.8×10^{-10}	9.24
碳酸	H_2CO_3	4.2×10^{-7} (K_{a1})	6.38
		5.6×10^{-3} (K_{a2})	10.25
次氯酸	HClO	3.2×10^{-8}	7.49
氢氰酸	HCN	4.9×10^{-10}	9.31
氢氟酸	HF	6.6×10^{-4}	3.18
亚硝酸	HNO_2	5.1×10^{-4}	3.29
过氧化氢	H_2O_2	1.8×10^{-12}	11.75
磷酸	H_3PO_4	7.5×10^{-3} (K_{a1})	2.12
		6.3×10^{-8} (K_{a2})	7.20
		4.4×10^{-13} (K_{a3})	12.36
氢硫酸	H_2S	1.3×10^{-7} (K_{a1})	6.89
		7.1×10^{-15} (K_{a2})	14.15
硫酸	HSO_4^-	1.2×10^{-2} (K_{a2})	1.92
亚硫酸	H_2SO_3	1.3×10^{-2} (K_{a1})	1.89
		6.3×10^{-8} (K_{a2})	7.20
硫代硫酸	$H_2S_2O_3$	2.3 (K_{a1})	0.6
		3×10^{-2} (K_{a2})	1.6
偏硅酸	H_2SiO_3	1.7×10^{-10} (K_{a1})	9.77
		1.6×10^{-12} (K_{a2})	11.8
甲酸	HCOOH	1.7×10^{-4}	3.77
乙酸（醋酸）	CH_3COOH	1.8×10^{-5}	4.74
丙酸	CH_3CH_2COOH	1.3×10^{-5}	4.87

续表

弱　酸　名　称		K_a	pK_a
丁酸	$CH_3(CH_2)_2COOH$	1.5×10^{-5}	4.82
戊酸	$CH_3(CH_2)_3COOH$	1.4×10^{-5}	4.84
羟基乙酸	$CH_2(OH)COOH$	1.5×10^{-4}	3.83
一氯乙酸	$CH_2ClCOOH$	1.4×10^{-3}	2.86
二氯乙酸	$CHCl_2COOH$	5.0×10^{-2}	1.30
三氯乙酸	CCl_3COOH	0.23	0.64
抗坏血酸	$C_6H_8O_6$	5.0×10^{-5} (K_{a1})	4.30
		1.5×10^{-10} (K_{a2})	9.82
乳酸	$CH_3CHOHCOOH$	1.4×10^{-4}	3.86
苯甲酸	C_6H_5COOH	6.2×10^{-5}	4.21
草酸	$H_2C_2O_4$	5.9×10^{-2} (K_{a1})	1.23
		6.4×10^{-5} (K_{a2})	4.19
d-酒石酸	$HOOC(CHOH)_2COOH$	9.1×10^{-4} (K_{a1})	3.04
		4.3×10^{-5} (K_{a2})	4.37
邻苯二甲酸	$C_6H_4(COOH)_2$	1.12×10^{-3} (K_{a1})	2.95
		3.9×10^{-6} (K_{a2})	5.41
苯酚		1.1×10^{-10}	9.95
乙二胺四乙酸	H_6-EDTA^{2+}	0.13 (K_{a1})	0.90
(I＝0.1)	H_5-EDTA^{+}	2.5×10^{-2} (K_{a2})	1.60
	H_4-EDTA	8.5×10^{-3} (K_{a3})	2.07
	H_3-EDTA^{-}	1.77×10^{-3} (K_{a4})	2.75
	H_2-EDTA^{2-}	5.75×10^{-7} (K_{a5})	6.26
	$H-EDTA^{3-}$	4.57×10^{-11} (K_{a6})	10.34
水杨酸	$C_6H_4(OH)COOH$	1.1×10^{-3} (K_{a1})	2.97
		1.8×10^{-14} (K_{a2})	13.74
柠檬酸	CH_2COOH 　｜ $C(OH)COOH$ 　｜ CH_2COOH	7.4×10^{-4} (K_{a1})	3.13
		1.8×10^{-5} (K_{a2})	4.74
		4.0×10^{-7} (K_{a3})	6.40
弱　碱　名　称		K_b	pK_b
氨	NH_3	1.8×10^{-5}	4.74
羟氨	NH_2OH	9.1×10^{-9}	8.04
甲胺	CH_3NH_2	4.2×10^{-4}	3.38
乙胺	$C_2H_5NH_2$	4.3×10^{-4}	3.37
丁胺	$CH_3(CH_2)_3NH_2$	4.4×10^{-4}	3.36

弱碱名称		K_b	pK_b
乙醇胺	$HOCH_2CH_2NH_2$	3.2×10^{-5}	4.50
二甲胺	$(CH_3)_2NH$	5.9×10^{-4}	3.23
二乙胺	$(CH_3CH_2)_2NH$	8.5×10^{-4}	3.07
苯氨	$C_6H_5NH_2$	4.0×10^{-10}	9.40
六次甲基四胺	$(CH_2)_6N_4$	1.4×10^{-9}	8.85
乙二胺	$H_2NCH_2CH_2NH_2$	8.5×10^{-5}（K_{b1}）	4.07
		7.1×10^{-8}（K_{b2}）	7.15
吡啶	C_5H_5N	1.8×10^{-9}	8.74

难溶化合物的溶度积（18～25℃）

难溶化合物	K_{sp}	难溶化合物	K_{sp}
$AgBrO_3$	5.77×10^{-5}	$CuCl$	1.02×10^{-6}
$AgBr$	4.95×10^{-13}	$CuCO_3$	1.4×10^{-10}
$AgCl$	1.77×10^{-10}	CuC_2O_4	2.87×10^{-8}
Ag_2CrO_4	1.12×10^{-12}	CuI	1.1×10^{-12}
$AgOH$	1.52×10^{-8}	$Cu(OH)_2$	2.6×10^{-19}
AgI	8.3×10^{-17}	Cu_2S	2.0×10^{-47}
Ag_2SO_4	1.4×10^{-5}	CuS	8.5×10^{-45}
$Ag_2C_2O_4$	1×10^{-11}	$CuSCN$	4.8×10^{-15}
Ag_2S	1.6×10^{-49}	FeC_2O_4	2.1×10^{-7}
$AgSCN$	1.07×10^{-12}	$Fe(OH)_3$	3.0×10^{-39}
$Al(OH)_3$	2.0×10^{-32}	$Fe(OH)_2$	8.0×10^{-16}
$BaCO_3$	4.9×10^{-9}	FeS	3.7×10^{-19}
$BaCrO_4$	1.6×10^{-10}	Hg_2Br_2	5.8×10^{-23}
BaC_2O_4	1.62×10^{-7}	Hg_2Cl_2	1.3×10^{-18}
$BaSO_4$	1.07×10^{-10}	Hg_2I_2	4.5×10^{-29}
$Bi(OH)_3$	4.0×10^{-31}	$HgS(黑)$	1.6×10^{-52}
$Ca(OH)_2$	5.5×10^{-6}	$HgS(白)$	4.0×10^{-53}
$CaCO_3$	8.7×10^{-9}	$MgCO_3$	2.6×10^{-5}
$CaC_2O_4 \cdot H_2O$	1.78×10^{-9}	MgC_2O_4	8.57×10^{-5}
CaF_2	3.4×10^{-11}	$MgNH_4PO_4$	2.5×10^{-13}
$Ca_3(PO_4)_2$	2.0×10^{-29}	$Mg(OH)_2$	1.8×10^{-11}
$CaSO_4$	2.45×10^{-5}	$MnCO_3$	5.0×10^{-10}
$CdCO_3$	5.2×10^{-12}	$Mn(OH)_2$	4.5×10^{-13}
CdS	3.6×10^{-29}	MnS	1.4×10^{-15}
$Co(OH)_3$	1.6×10^{-44}	$Ni(OH)_2$	6.5×10^{-18}
$Cr(OH)_3$	6.3×10^{-31}	$PbCl_2$	1.6×10^{-5}
$CuBr$	4.15×10^{-9}	$PbCO_3$	3.3×10^{-14}

难溶化合物	K_{sp}	难溶化合物	K_{sp}
PbC_2O_4	2.74×10^{-11}	$SrCO_3$	1.6×10^{-9}
$PbCrO_4$	1.8×10^{-14}	SrC_2O_4	5.6×10^{-8}
PbF_2	3.2×10^{-8}	$SrCrO_4$	2.2×10^{-5}
PbI_2	6.5×10^{-9}	$SrSO_4$	3.8×10^{-7}
$Pb(OH)_2$	1.2×10^{-15}	$TiO(OH)_2$	1.0×10^{-29}
PbS	3.4×10^{-28}	ZnC_2O_4	1.4×10^{-9}
$PbSO_4$	1.06×10^{-8}	$Zn(OH)_2$	1.2×10^{-17}
$Sn(OH)_2$	3.0×10^{-27}	$ZnS(\alpha 型)$	1.6×10^{-24}
$Sn(OH)_4$	1.0×10^{-57}	$ZnS(\beta 型)$	5×10^{-25}
SnS	1.0×10^{-25}	$ZrO(OH)_2$	6×10^{-49}

附录 3

标准电极电位（18～25℃）

半　反　应	E^0/V
$F_2(气)+2H^++2e^- \rule[0.5ex]{1em}{0.4pt} 2HF$	3.06
$O_3+2H^++2e^- \rule[0.5ex]{1em}{0.4pt} O_2+H_2O$	2.07
$S_2O_8{}^{2-}+2e^- \rule[0.5ex]{1em}{0.4pt} 2SO_4^{2-}$	2.01
$Co^{3+}+e^- \rule[0.5ex]{1em}{0.4pt} Co^{2+}$	1.95
$H_2O_2+2H^++2e^- \rule[0.5ex]{1em}{0.4pt} 2H_2O$	1.77
$MnO_4^-+4H^++3e^- \rule[0.5ex]{1em}{0.4pt} MnO_2(固)+2\,H_2O$	1.695
$PbO_2(固)+SO_4{}^2+4H^++2e^- \rule[0.5ex]{1em}{0.4pt} PbSO_4(固)+2H_2O$	1.685
$HClO_2+2H^++2e^- \rule[0.5ex]{1em}{0.4pt} HClO+H_2O$	1.64
$2HClO+2H^++2e^- \rule[0.5ex]{1em}{0.4pt} Cl_2+2H_2O$	1.63
$2HBrO+2\,H^++2e^- \rule[0.5ex]{1em}{0.4pt} Br_2+2H_2O$	1.59
$2BrO_3^-+12H^++10e^- \rule[0.5ex]{1em}{0.4pt} Br_2+6H_2O$	1.52
$MnO_4^-+8H^++5e^- \rule[0.5ex]{1em}{0.4pt} Mn^{2+}+4\,H_2O$	1.51
$Au^{3+}+3e^- \rule[0.5ex]{1em}{0.4pt} Au$	1.50
$HClO+H^++2e^- \rule[0.5ex]{1em}{0.4pt} Cl^-+H_2O$	1.49
$2ClO_3^-+12H^++10e^- \rule[0.5ex]{1em}{0.4pt} Cl_2+6\,H_2O$	1.47
$PbO_2(固)+4H^++2e^- \rule[0.5ex]{1em}{0.4pt} Pb^{2+}+2\,H_2O$	1.455
$2HIO+2\,H^++2e^- \rule[0.5ex]{1em}{0.4pt} I_2+4\,H_2O$	1.45
$ClO_3^-+6H^++6e^- \rule[0.5ex]{1em}{0.4pt} Cl^-+3\,H_2O$	1.45
$BrO_3^-+6H^++6e^- \rule[0.5ex]{1em}{0.4pt} Br^-+3H_2O$	1.44
$Au^{3+}+2e^- \rule[0.5ex]{1em}{0.4pt} Au^+$	1.41
$Cl_2(气)+2e^- \rule[0.5ex]{1em}{0.4pt} 2\,Cl^-$	1.3595
$2ClO_4^-+16H^++14e^- \rule[0.5ex]{1em}{0.4pt} Cl_2+8\,H_2O$	1.34
$Cr_2O_7{}^{2-}+14H^++6e^- \rule[0.5ex]{1em}{0.4pt} 2Cr^{3+}+7\,H_2O$	1.33
$MnO_2(固)+4H^++2e^- \rule[0.5ex]{1em}{0.4pt} Mn^{2+}+2\,H_2O$	1.23
$O_2(气)+4H^++2e^- \rule[0.5ex]{1em}{0.4pt} 2\,H_2O$	1.229
$2IO_3^-+12H^++10e^- \rule[0.5ex]{1em}{0.4pt} I_2+6\,H_2O$	1.20

续表

半 反 应	E^0/V
$ClO_4^- + 2H^+ + 2e^- \rule[0.5ex]{1.5em}{0.4pt} ClO_3^- + H_2O$	1.19
$Br_2(水) + 2e^- \rule[0.5ex]{1.5em}{0.4pt} 2\ Br^-$	1.087
$NO_2 + H^+ + e^- \rule[0.5ex]{1.5em}{0.4pt} HNO_2$	1.07
$Br_3^- + 2e^- \rule[0.5ex]{1.5em}{0.4pt} 3\ Br^-$	1.05
$HNO_2 + H^+ + e^- \rule[0.5ex]{1.5em}{0.4pt} NO(气) + H_2O$	1.00
$HIO + H^+ + 2e^- \rule[0.5ex]{1.5em}{0.4pt} I^- + H_2O$	0.99
$NO_3^- + 4H^+ + 3e^- \rule[0.5ex]{1.5em}{0.4pt} NO + 2H_2O$	0.96
$NO_3^- + 3H^+ + 2e^- \rule[0.5ex]{1.5em}{0.4pt} HNO_2 + H_2O$	0.94
$AuCl_4^- + 2e^- \rule[0.5ex]{1.5em}{0.4pt} AuCl_2^- + 2Cl^-$	0.93
$ClO^- + H_2O + 2e^- \rule[0.5ex]{1.5em}{0.4pt} Cl^- + 2OH^-$	0.89
$H_2O_2 + 2e^- \rule[0.5ex]{1.5em}{0.4pt} 2OH^-$	0.88
$Cu^{2+} + I^- + e^- \rule[0.5ex]{1.5em}{0.4pt} CuI(固)$	0.86
$Hg^{2+} + 2e^- \rule[0.5ex]{1.5em}{0.4pt} Hg$	0.845
$NO_3^- + 2H^+ + e^- \rule[0.5ex]{1.5em}{0.4pt} NO_2 + H_2O$	0.80
$Ag^+ + e^- \rule[0.5ex]{1.5em}{0.4pt} Ag$	0.7995
$Hg_2^{2+} + 2e^- \rule[0.5ex]{1.5em}{0.4pt} 2Hg$	0.793
$Fe^{3+} + 2e^- \rule[0.5ex]{1.5em}{0.4pt} Fe^{2+}$	0.771
$BrO^- + 2H_2O + 2e^- \rule[0.5ex]{1.5em}{0.4pt} Br^- + 2OH^-$	0.76
$O_2(气) + 2H^+ + 2e^- \rule[0.5ex]{1.5em}{0.4pt} H_2O_2$	0.682
$AsO_2^- + 2H_2O + 3e^- \rule[0.5ex]{1.5em}{0.4pt} As + 4OH^-$	0.68
$2HgCl_2 + 2e^- \rule[0.5ex]{1.5em}{0.4pt} Hg_2Cl_2(固) + 2Cl^-$	0.63
$Hg_2SO_4(固) + 2e^- \rule[0.5ex]{1.5em}{0.4pt} 2\ Hg + SO_4^{2-}$	0.6151
$MnO_2^- + 2\ H_2O + 3e^- \rule[0.5ex]{1.5em}{0.4pt} Mn_2(固) + 4OH^-$	0.588
$MnO_4^- + e^- \rule[0.5ex]{1.5em}{0.4pt} Mn_4^{2-}$	0.564
$H_3AsO_4 + 2H^+ + 2e^- \rule[0.5ex]{1.5em}{0.4pt} H_3AsO_3 + 2H_2O$	0.559
$I_3^- + 2e^- \rule[0.5ex]{1.5em}{0.4pt} 3I^-$	0.545
$I_2(液) + 2e^- \rule[0.5ex]{1.5em}{0.4pt} 2I^-$	0.5345
$Cu^+ + e^- \rule[0.5ex]{1.5em}{0.4pt} Cu$	0.52
$4SO_2(水) + 4H^+ + 6e^- \rule[0.5ex]{1.5em}{0.4pt} S_4O_6^{2-} + 2H_2O$	0.51
$HgCl_4^{2-} + 2e^- \rule[0.5ex]{1.5em}{0.4pt} Hg + 4Cl^-$	0.48
$2SO_2(水) + 2H^+ + 4e^- \rule[0.5ex]{1.5em}{0.4pt} S_2O_3^{2-} + H_2O$	0.40
$[Fe(CN)_6]^{3-} + e^- \rule[0.5ex]{1.5em}{0.4pt} [Fe(CN)_6]^{4-}$	0.36
$Cu^{2+} + 2e^- \rule[0.5ex]{1.5em}{0.4pt} Cu$	0.337
$Hg_2Cl_2(固) + 2e^- \rule[0.5ex]{1.5em}{0.4pt} 2Hg + 2Cl^-$	0.2676
$HAsO_2 + 3H^+ + 3e^- \rule[0.5ex]{1.5em}{0.4pt} As + H_2O$	0.248

续表

半　反　应	E^0/V
$AgCl(固)+e^-\!\!=\!\!=\!\!Ag+Cl^-$	0.2223
$SbO^++2H^++3e^-\!\!=\!\!=\!\!Sb+H_2O$	0.212
$SO_4{}^{2-}+4H^++2e^-\!\!=\!\!=\!\!SO_2(水)+2H_2O$	0.17
$Cu^{2+}+e^-\!\!=\!\!=\!\!Cu^+$	0.159
$Sn^{4+}+2e^-\!\!=\!\!=\!\!Sn^{2+}$	0.154
$S+2H^++2e^-\!\!=\!\!=\!\!H_2S(气)$	0.141
$Hg_2Br_2(固)+2e^-\!\!=\!\!=\!\!2Hg+2Br^-$	0.1395
$TiO^{2+}+2H^++e^-\!\!=\!\!=\!\!Ti^{3+}+2H_2O$	0.1
$S_4O_6^{2-}+2e^-\!\!=\!\!=\!\!2S_2O_3^{2-}$	0.08
$AgBr(固)+e^-\!\!=\!\!=\!\!Ag+Br^-$	0.071
$2H^++2e^-\!\!=\!\!=\!\!H_2$	0.000
$O_2+H_2O+2e^-\!\!=\!\!=\!\!HO_2{}^-+OH^-$	−0.067
$Pb^{2+}+2e^-\!\!=\!\!=\!\!Pb$	−0.126
$Sn^{2+}+2e^-\!\!=\!\!=\!\!Sn$	−0.136
$AgI(固)+e^-\!\!=\!\!=\!\!Ag+I^-$	−0.152
$Ni^{2+}+2e^-\!\!=\!\!=\!\!Ni$	−0.246
$H_3PO_4+2H^++2e^-\!\!=\!\!=\!\!H_3PO_3+H_2O$	−0.276
$Co^{2+}+2e^-\!\!=\!\!=\!\!Co$	−0.277
$PbSO_4(固)+2e^-\!\!=\!\!=\!\!Pb+SO_4^{2-}$	−0.3553
$SeO_3^{2-}+3H_2O+4e^-\!\!=\!\!=\!\!Se+6OH^-$	−0.366
$As+3H^++3e^-\!\!=\!\!=\!\!AsH_3$	−0.38
$In^{3+}+2e^-\!\!=\!\!=\!\!In^+$	−0.40
$Se+2H^++2e^-\!\!=\!\!=\!\!H_2Se$	−0.40
$Cd^{2+}+2e^-\!\!=\!\!=\!\!Cd$	−0.403
$Cr^{3+}+e^-\!\!=\!\!=\!\!Cr^{2+}$	−0.41
$Fe^{2+}+2e^-\!\!=\!\!=\!\!Fe$	−0.440
$S+2e^-\!\!=\!\!=\!\!S^{2-}$	−0.48
$2CO_2+2H^++2e^-\!\!=\!\!=\!\!H_2C_2O_4$	−0.49
$H_3PO_3+2H^++2e^-\!\!=\!\!=\!\!H_3PO_3+H_2O$	−0.50
$Sb+3H^++3e^-\!\!=\!\!=\!\!SbH_3$	−0.51
$2SO_3^{2-}+3H_2O+4e^-\!\!=\!\!=\!\!S_2O_3{}^{2-}+6OH^-$	−0.58
$SO_3^{2-}+3H_2O+4e^-\!\!=\!\!=\!\!S+6OH^-$	−0.66
$AsO_4^{3-}+2H_2O+2e^-\!\!=\!\!=\!\!AsO_2{}^-+4OH^-$	−0.67
$Zn^{2+}+2e^-\!\!=\!\!=\!\!Zn$	−0.763
$2H_2O+2e^-\!\!=\!\!=\!\!H_2+2OH^-$	−0.828

半　反　应	E^0/V
$Cr^{2+}+2e^-\!=\!=\!Cr$	-0.91
$Se+2e^-\!=\!=\!Se^{2-}$	-0.92
$CNO^-+H_2O+2e^-\!=\!=\!CN^-+2OH^-$	-0.97
$V^{2+}+2e^-\!=\!=\!V$	-1.18
$Mn^{2+}+2e^-\!=\!=\!Mn$	-1.182
$ZnO_2^{2-}+2H_2O+2e^-\!=\!=\!Zn+4OH^-$	-1.216
$Al^{3+}+2e^-\!=\!=\!Al$	-1.66
$Be^{2+}+2e^-\!=\!=\!Be$	-1.85
$Ce^{3+}+3e^-\!=\!=\!Ce$	-2.34
$H_2AlO_3^-+H_2O+3e^-\!=\!=\!Al+4OH^-$	-2.35
$Mg^{2+}+2e^-\!=\!=\!Mg$	-2.37
$Na^++e^-\!=\!=\!Na$	-2.714
$Ca^{2+}+2e^-\!=\!=\!Ca$	-2.87
$Sr^{2+}+2e^-\!=\!=\!Sr$	-2.89
$Ba^{2+}+2e^-\!=\!=\!Ba$	-2.90
$Rb^++e^-\!=\!=\!Rb$	-2.924
$K^++e^-\!=\!=\!K$	-2.925
$Li^++e^-\!=\!=\!Li$	-3.042

一些氧化还原电对的条件电极电位

半 反 应	$E^{0'}/V$	介 质
	0.792	1mol/L $HClO_4$
$Ag^+ + e^- \Longrightarrow Ag$	0.228	1mol/L HCl
	0.59	1mol/L NaOH
	0.2280	0.1mol/L KCl
$AgCl(固) + e^- \Longrightarrow Ag + Cl^-$	0.2223	1mol/L KCl
	0.2000	饱和 KCl
	0.577	1mol/L HCl,$HClO_4$
$H_3AsO_4 + 2H^+ + 2e^- \Longrightarrow H_3AsO_3 + 2H_2O$	0.07	1mol/L NaOH
	-0.16	5mol/L NaOH
$Co^{3+} + e^- \Longrightarrow Co^{2+}$	1.84	3mol/L HNO_3
$Cr^{3+} + e^- \Longrightarrow Cr^{2+}$	-0.40	5mol/L HCl
	0.93	0.1mol/L HCl
$Cr_2O_7^{2-} + 14H^+ + 6e^- \Longrightarrow 2Cr^{3+} + 7 H_2O$	1.00	1mol/L HCl
	1.15	4mol/L HCl
	1.27	1mol/L HNO_3
$Cu^{2+} + e^- \Longrightarrow Cu^+$	-0.09	pH=14
	0.73	0.1mol/L HCl
	0.72	0.5mol/L HC
	0.70	1mol/L HCl
$Fe^{3+} + 2e^- \Longrightarrow Fe^{2+}$	0.68	0.1mol/L H_2SO_4
	0.68	1mol/L H_2SO_4
	0.70	1mol/L HNO_3
$[Fe(CN)_6]^{3-} + e^- \Longrightarrow [Fe(CN)_6]^{4-}$	0.56	0.1mol/L HCl
	0.70	1mol/L HCl
$I_3^- + 2e^- \Longrightarrow 3I^-$	0.5446	0.5mol/L H_2SO_4
$I_2(液) + 2e^- \Longrightarrow 2I^-$	0.6276	0.5mol/L H_2SO_4

半　反　应	$E^{0'}/V$	介　质
$Hg_2^{2+}+2e^-\!\!=\!\!=\!\!2Hg$	0.33	0.1mol/L KCl
	0.28	1mol/L KCl
	0.24	饱和 KCl
	0.274	1mol/L HCl
$MnO_4^-+8H^++5e^-\!\!=\!\!=\!\!Mn^{2+}+4\,H_2O$	1.45	1mol/L HClO$_4$
$Pb^{2+}+2e^-\!\!=\!\!=\!\!Pb$	-0.32	1mol/L NaAc
$Sn^{2+}+2e^-\!\!=\!\!=\!\!Sn$	-0.16	1mol/L HClO$_4$
$SnCl_6^{2-}+2e^-\!\!=\!\!=\!\!SnCl_4^{2-}+2Cl^-$	0.14	1mol/L HCl
	0.07	0.1mol/L HCl
	0.40	4.5mol/L H$_2$SO$_4$
$Zn^{2+}+2e^-\!\!=\!\!=\!\!Zn$	-1.36	CN^- 配合物

国际相对原子质量表（1997 年）

元素		相对原子质量	元素		相对原子质量	元素		相对原子质量
符号	名称		符号	名称		符号	名称	
Ac	锕	[227]	Er	铒	167.26	Mn	锰	54.93805
Ag	银	107.8682	Es	锿	[254]	Mo	钼	95.94
Al	铝	26.98154	Eu	铕	151.964	N	氮	14.000674
Am	镅	[243]	F	氟	18.99840	Na	钠	22.98977
Ar	氩	39.948	Fe	铁	55.845	Nb	铌	92.90638
As	砷	74.92160	Fm	镄	[257]	Nd	钕	144.24
At	砹	[210]	Fr	钫	[223]	Ne	氖	20.1797
Au	金	196.96655	Ga	镓	69.723	Ni	镍	58.6934
B	硼	10.811	Gd	钆	157.25	No	锘	[254]
Ba	钡	137.327	Ge	锗	72.61	Np	镎	237.0482
Be	铍	9.01218	H	氢	1.00794	O	氧	15.9994
Bi	铋	208.98038	He	氦	4.00260	Os	锇	190.23
Bk	锫	[247]	Hf	铪	178.49	P	磷	30.97376
Br	溴	79.904	Hg	汞	200.59	Pa	镁	231.03588
C	碳	12.0107	Ho	钬	164.93032	Pb	铅	207.2
Ca	钙	40.078	I	碘	126.90447	Pd	钯	106.42
Cd	镉	112.411	In	铟	114.818	Pm	钷	[145]
Ce	铈	140.116	Ir	铱	192.217	Po	钋	[~210]
Cf	锎	[251]	K	钾	39.0983	Pr	镨	140.90765
Cl	氯	35.4527	Kr	氪	83.80	Pt	铂	195.078
Cm	锔	[247]	La	镧	138.9055	Pu	钚	[244]
Co	钴	58.93320	Li	锂	6.941	Ra	镭	226.0254
Cr	铬	51.9961	Lr	铹	[257]	Rb	铷	85.4678
Cs	铯	132.90545	Lu	镥	174.967	Re	铼	186.207
Cu	铜	63.546	Md	钔	[256]	Rh	铑	102.90550
Dy	镝	162.50	Mg	镁	24.3050	Rn	氡	[222]

续表

元素		相对原子质量	元素		相对原子质量	元素		相对原子质量
符号	名称		符号	名称		符号	名称	
Ru	钌	101.07	Ta	钽	180.9479	V	钒	50.9415
S	硫	32.066	Tb	铽	158.92534	W	钨	183.84
Sb	锑	121.760	Tc	锝	98.9062	Xe	氙	131.29
Sc	钪	44.95591	Te	碲	127.60	Y	钇	88.90585
Se	硒	78.96	Th	钍	232.0381	Yb	镱	173.04
Si	硅	28.0855	Ti	钛	47.867	Zn	锌	65.39
Sm	钐	150.36	Tl	铊	204.3833	Zr	锆	91.224
Sn	锡	118.71087.62	Tm	铥	168.93421			
Sr	锶	87.62	U	铀	238.02891			

参 考 文 献

［1］ 高职高专教材编写组. 分析化学［M］. 5 版. 北京：高等教育出版社，2020.

［2］ 崔执应. 水分析化学［M］. 北京：北京大学出版社，2005.

［3］ 武汉大学. 分析化学［M］. 3 版. 北京：高等教育出版社，1995.

［4］ 华中师范学院等校. 分析化学［M］. 北京：高等教育出版社，1981.

［5］ 张尧旺. 水质监测与评价［M］. 郑州：黄河水利出版社，2002.

［6］ 奚旦立. 环境监测［M］. 修订版. 北京：高等教育出版社，1995.

［7］ 董慧茹，柯以侃，等. 仪器分析［M］. 北京：化学工业出版社，2000.

［8］ 方惠群，于俊生，史坚，等. 仪器分析［M］. 北京：科学出版社，2002.

［9］ 朱明华. 仪器分析［M］. 2 版. 北京：高等教育出版社，1993.

［10］ 黄秀莲，张大年，何燧源，等. 环境分析与监测［M］. 北京：高等教育出版社，1989.

［11］ 陆明廉，张叔良，等. 近代仪器分析基础与方法［M］. 上海：上海医科大学出版社，1993.

［12］ 赵学范. 仪器分析教程［M］. 北京：北京大学出版社，1997.

［13］ 王彤. 仪器分析与实验［M］. 青岛：青岛出版社，2000.

［14］ 万家亮，陆光汉，曾胜年，等. 仪器分析［M］. 武汉：华中师范大学出版社出版，1992.

［15］ 孙新忠，范建华，张永波，等. 水质分析方法与技术［M］. 北京：地震出版社，2001.